PRACTICAL
MEDITATION

PRACTICAL MEDITATION
静心冥想
强大自我的心理学实用百科

［英］乔凡尼·迪恩斯特曼（Giovanni Dienstmann） 著

邹 东 译

电子工业出版社
Publishing House of Electronics Industry
北京·BEIJING

Original Title: Practical Meditation
Copyright © 2018 Dorling Kindersley Limited
A Penguin Random House Company

本书中文简体字版授予电子工业出版社独家出版发行。未经书面许可，不得以任何方式抄录、复制或节录本书中的任何内容。

版权贸易合同登记号　图字：01-2019-1082

图书在版编目（CIP）数据

静心冥想：强大自我的心理学实用百科／（英）乔凡尼•迪恩斯特曼（Giovanni Dienstmann）著；邹东译. — 北京：电子工业出版社，2020.7
书名原文：Practical Meditation
ISBN 978-7-121-38764-7

Ⅰ.①静… Ⅱ.①乔…②邹… Ⅲ.①情绪－自我控制－通俗读物 Ⅳ.① B842.6-49

中国版本图书馆 CIP 数据核字（2020）第 041159 号

策划编辑：郭景瑶
责任编辑：郭景瑶
印　　刷：鸿博昊天科技有限公司
装　　订：鸿博昊天科技有限公司
出版发行：电子工业出版社
　　　　　北京市海淀区万寿路 173 信箱
邮　　编：100036
开　　本：850×1168 1/16 印张：11.5 字数：332 千字
版　　次：2020 年 7 月第 1 版
印　　次：2024 年 5 月第 4 次印刷
定　　价：118.00 元

凡所购买电子工业出版社图书有缺损问题，请向购买书店调换。若书店售缺，请与本社发行部联系，联系及邮购电话：(010) 88254888，88258888。
质量投诉请发邮件至 zlts@phei.com.cn，盗版侵权举报请发邮件至 dbqq@phei.com.cn。
本书咨询联系方式：(010) 88254210，influence@phei.com.cn，微信号：yingxianglibook。

www.dk.com

目录

前言	6
1. 理解冥想	
冥想是什么	10
冥想神话破灭	12
冥想传承	16
近距离端详	20
提高注意力，磨炼意志	22
情绪健康的关键	24
身体所需	26
精神所需	28
静思	30
你可以选择	32
无主的房子混乱无序	34
活在当下只是故事的一半	36
2. 遇见冥想	
开始你的旅程	40
吸一口气	42
坚定如山	44
持续凝视	46
进和出	48
天空之云	50
当下之声	52
你的感受	54
3. 开始练习	
设定日常练习	58
永不为零	62
享受过程	64
正确的姿势	66
呼吸新鲜空气	70
手势	72
专注的艺术	74
焦虑和冥想	76

4. 多种方式的冥想

自己的路	80
正念冥想	82
坐禅	84
内观	86
蜂鸣调息	88
经行	90
瑜伽休息术	92
瑜伽体式	94
太极	96
道教内观	98
昆达里尼	100
一点凝视法	102
视觉想象	104
曼陀罗冥想	106
眉心冥想	108
话语	110
做标记	112
内心静默	114
物我冥想	116
拓展你的意识	118
无思考的我	120
抽象冥想	122
自我探寻	124
坐忘	126
集中冥想	128
慈心冥想	134
心跳冥想	136

5. 整合与深化

冥想时刻	140
数码干扰	142
暂停、呼吸并前进	144
去征服,去视觉想象	146
增强解决问题的大脑	148
成长和繁荣	150
为工作而冥想	152
适合体育运动的冥想	156
适合演讲的冥想	158
培养创造力的冥想	160
新台阶	162
敬重冥想	164
克服冥想障碍	166
给练习加压	168
为长冥想做准备	170
静修	174
启迪生活	176
音乐的力量	178
致谢	182

前言

在这个人们永远处于"启动"态的时代，摆脱压力和负面情绪，坚持目标或者真正投入当下的生活，对于我们变得尤为困难。尽管生活在不经意间流逝，我们却似乎离自己真正想要成为的人越来越远。如果你对此似曾相识，那么你就来对地方了，因为冥想可以助你解决这些困扰及更多的麻烦。翻开这本书，你就向更加平静自得的生活迈出了重要的一步。

从14岁开始，冥想就成为我生命中必不可少的一部分。我曾是个坐立不安、焦躁易怒的人，我需要冥想，但这并不是我开始冥想的原因。我是为寻求生命的深层意义、自立自主并激发内在潜能而开始冥想的。出于对冥想的深度着迷，我阅读了所有手头能找到的书，并拜访了所有能联系上的导师。

我多年学习的精华就浓缩在本书**第一章**里，你可以从这一章开始你的旅程，去发现冥想是什么、它已被证实的好处，以及它能为你的生活做些什么。

在**第二章**，你可以初试冥想和几个微冥想，以确认它们中的哪一种对你有用，可以为你的生活带来片刻平静。你也可以明白从冥想练习中能期待什么，以及一路上如何避开普遍的陷阱。

我坚持每天冥想，迄今超过18年。冥想，尤其是冥想之路上一些关键的觉醒，彻底地转变了我的思想和我对世界的体验。我发现自己的许多负面想法和情绪几乎完全消失了，并且任何较大的心理创伤不再持续超过五分钟。若没有长期坚持日常冥想练习，所有这一切不会发生。

你不必对坚持每日冥想练习的承诺望而生畏，

在**第三章**，你可以找到一种可持续并且有回报的方式来开始练习。你将学会如何养成冥想的习惯，如何克服初学者可能会面对的常见障碍。

在不断寻求个人成长和启示的过程中，我已经体验了80多种冥想技巧。在**第四章**，我从中选择出39种最流行且易学的冥想技巧，从主流传统到特色鲜明的都有，你可以在家里用简单的步骤进行练习。

我耗费多年时光阅读了上百本书，通过无数次沉思和练习，才最终把冥想"拼图"的各部分拼接起来。**第五章**是我所有努力带来的回报，在此你将知道如何把冥想融入生活，如何利用冥想应对日常挑战，例如处理负面情绪、解决问题，以及提升从工作到运动等各个领域的表现，你将学会如何让自己更上一层楼。

这是一本我自己开始练习冥想时就希望它存在的书，因为它可以让我节省很多时间和精力。无论翻开哪一页，你都一定能从中学到实用的知识。或者，你也可以从头至尾通读一遍，全面了解你想知道的一切。

现在，请专注于你的身体，深呼吸，然后翻开书页。希望你的冥想之旅能让你如获新生！

乔凡尼·迪恩斯特曼
冥想讲师，作家，教练

1
UNDERSTANDING MEDITATION
理解冥想

冥想是什么

从基础开始

冥想最初被创造用于克服痛苦和找寻生命更深层的意义，如今冥想也被用于寻求个人成长、提升能力，以及获得最佳的健康和幸福状态。

冥想是大脑的活动，是一种沉思练习。这项练习总体包括以下几个方面：

- **放松**。放松你的身体，放慢你的呼吸，并让大脑平静下来。
- **沉静**。传统上的冥想包括让身体静止，或坐或躺，但是有些技巧更具动态，比如经行。
- **内观**。不管睁眼还是闭眼，冥想使你的注意力朝向自己，朝向内心，而不是朝向外在世界。
- **意识**。在冥想中，你是自己的精神和情绪状态的见证者，你可以释放你的思想、感觉和干扰。
- **专注**。大多数练习包括对一个事物集中注意力，比如对烛光或者你的呼吸全神贯注，也包括把注意力集中在当下意识中闪现的任何意念。

大多数的冥想可以用普通的方式进行练习，你不需要相信或者追随任何特定的信念或哲学。这些普通的、易操作的方法就是本书接下来要讲的内容。

日常的平静

冥想会助你发展有价值的技能，比如学会放松、专注和警醒，以改变你的日常生活。

"冥想会扩展你的生命视野。"

你的旅途

冥想是理解、训练和探索心灵的方式,是深刻的个人体验。

这本书的每一章都在引导你的自我探索之旅,你会发现记录你的体验之旅很有作用,你可以把它当成一个空间来使用,你可以:

反思你的经历和感受;

重振你的决心,不断提醒自己曾设定的目标;

提醒自己已经走了多远。

记住,你的旅途没有最终的目的地,一旦你学到很多,在练习中不断进步,你就会发现更多个人成长和发展的机会。

冥想神话破灭

常见问题和误解

一旦你开始冥想之旅，对于冥想究竟是什么这类问题有诸多疑问很正常。逐渐拓展对冥想的了解，并消除一些广为流传的冥想神话，将为你的探索开路。

Q 问题：冥想真的有效吗？
冥想是一种古老的练习，千百年来它帮助人们活得更加快乐、更加安宁，过上更好的生活。它对我们的心灵和身体的诸多好处已经被证实了。

Q 问题：冥想是宗教性质的吗？
冥想本身是一种心灵练习。如果你遵循普通易行的技巧，那么你并不需要怀有任何特定的信念。

Q 问题：冥想与正念相同吗？
不同。正念有多种不同的含义，比如正念可以是关注呼吸的练习，或是你在观察当下体验的过程中所唤起的任何状态。基于此，正念是冥想诸多类型中的一种。而另一方面，正念也可以指意识、记忆和警觉的品质。在这个意义上，正念是一种包含在所有冥想类型中的技能，可以通过许多日常活动来练习。

Q 问题：太极和瑜伽是冥想吗？
太极和瑜伽是身心练习的方式，它们具有沉思的成分。尽管它们本身不是严格意义上的冥想形式，但是它们可以促进你的冥想练习，并且能以冥想的方式来实施。它们也具有和冥想相同的益处，因为在本质上它们都是缓慢又专注的。

Q 问题：为了冥想，我需要心灵平静吗？
不，正如你无须变强壮后再去健身房，你也无须先具备某种心灵状态才开始冥想。冥想会帮助你获得心灵的平静。

> "怀抱开放而好奇的心灵，会助你从冥想练习中获得更多。"

Q 问题：冥想困难吗？

作为一种方法，冥想很简单，任何人都能练习它。传统定义的冥想状态很难达到，它仅仅出现在心灵完全专注于一个物体时。然而，很少有人能始终如一地保持这种状态。即使达不到这种状态，你仍能从冥想中获得诸多益处。

Q 问题：在冥想中，我需要停止或清空我的思绪吗？

你不能动用意志停止你的思绪。相反，在冥想中，你要全心全意地专注于一个物体，从而放下其他所有思绪。当你完全专注于一个物体时，你的思绪会被重新引导，变得安静而镇定。但是这种状态要耗费数年的练习才能达到，所以你无须一开始就考虑它。

Q 问题：冥想就只有放松和活在当下吗？

放松和活在当下是冥想的关键之处，没有它们，你不能真正地冥想，但是这些只是最开始的步骤。依据你所遵循的不同技巧，冥想也会通过不同的方式运用你的思维，提升你的意识、专注力、内省和洞察力。冥想始于放松，但是，它归根结底是一项帮助你更好地理解、控制和扩展心灵的练习。

Q 问题：冥想有正确或错误的方法吗？

就像我们有正确或错误的运动方法和饮食习惯，在冥想中我们也要遵循特定的技巧，它们会演绎成练习中特定的体验或阶段。若没有正确的方法，你虽然可以通过冥想体验到一些放松，但除此之外，你不会有任何进步。

Q 问题：冥想中的深度放松像睡眠吗？

人在深度睡眠中完全无意识，然而冥想中的深度放松是一种意识强化的状态。冥想能帮助你有意识地放松，并发展你的专注力，而睡眠仅让你休息和恢复。

Q 问题：花时间冥想是自我沉溺吗？

不，就像睡眠和饮食一样，冥想是人们维持健康、平衡和良好状态所必需的。你只有处于最佳状态时，才能真正地服务于他人，才能有效地从事无私的活动，而不至于筋疲力尽。你从冥想中获得的积极心态也会对你周围的人大有裨益。

Q 问题：冥想是一种远离生活的方式吗？

恰恰相反，干扰才是让我们远离生活的方式。冥想帮助你消除所有干扰，让你面对自己。冥想也教你到达一种状态，这种状态比你遇到的所有难题都更深入。尽管一些人想把冥想作为一种逃避策略，但这不是冥想本身教给我们的东西。

Q 问题：冥想会让我们行动缓慢、冷漠和消极吗？

不，但是你对冥想练习的态度和理念可能会给你带来这种影响。冥想带给你平静，为你的生活创造更多的停顿和清静。你的躁动不安会变少，你会更少地被情绪所掌控。这些改变让你在别人眼中与众不同，但事实上，这些经由冥想开发的技能提升了你在生活中智慧而有效地行动的能力。

Q 问题：我需要烧香念佛及穿特别的衣服吗？

不。一些人发觉建立一些宗教仪式会帮助他们笃定和集中精神，但这对于冥想过程本身不是必需的。

Q 问题：我需要为冥想摆出特定的坐姿吗？

就大多数的冥想技巧而言，推荐采用特定的坐姿，因为这会对你的精神状态产生更强大的影响。你可以从几种不同的坐姿中选择最能满足你需求的。

Q 问题：我需要在冥想中闭上眼睛吗？

不必一直闭眼。闭眼能帮助你将注意力集中朝内，但是一些冥想技巧，如坐禅和一点凝视法，就是睁着眼睛练习的。闭眼具有帮助你更专注于当下和更警觉的优势。

Q 问题：我应该如何选择冥想的方法？

在所有冥想的方法中，没有哪一种单一的方法能够全面取胜。不同的人适用不同的方法，你可以去体验不同的方法，看哪一种最适合你，仅此而已。这也同样取决于你的练习目标，它有助于你一开始就清楚地知道你想从冥想中获得什么。铭记于心，随着你生命中各种需求和目标的改变，你会发觉在不同时期可以从不同的冥想方法中受益。

Q 问题：我的冥想应该持续多长时间？
这取决于你想从中获得什么益处，以及你对练习有多感兴趣，但一般来说，最好从小处着手。不要过分延展你练习的积极性；相反，当你感觉自己需要时，可以逐渐增加练习的时长。

Q 问题：我应该多久冥想一次？
为了从冥想中获得更多，你需要每天都冥想，理想情况是每天在相同的时间及相同的地方冥想。你也可以把冥想和具有冥想性质的活动融入日常生活。

Q 问题：我需要一个冥想导师吗？
你不需要导师来开启冥想，尤其如果你主要为寻求身心健康。但是，随着练习深入，你可能感觉自己需要更多指导，而导师能够帮助你提高技巧和解决疑难，以及帮助你将冥想完全融入生活。

"最好的冥想心态是不评判、好奇、有耐心及持之以恒。"

一种提问的心态

拥有一种开放、提问的心态是冥想的重要部分，比如：

意识。冥想邀请你审视自己：身体的感受如何，精神处在何种状态，出现了哪些自发的思想和行为。这会培养更好的意识，它是冥想中的一项关键技能。

更大的疑问。冥想鼓励你问难题，比如"我是谁"和"生命的意义是什么"。

不断深入。围绕练习培养好奇心，更深入地研究它，或者向一位冥想导师发问，你与冥想的联系会更深入。

冥想传承

全球时间轴

冥想历经了几个世纪从几种哲学传统中发展起来，它适应着练习者们各不相同而又逐渐变化的需求。下面这条时间轴展示出冥想发展的几个关键时期。

瑜伽

公元前1500年

关于冥想最早的文字记录出现在古印度教经文《吠陀经》中，它也与瑜伽传统相关。瑜伽传统至今仍然生机勃勃，它强调姿势（体式）和呼吸练习。

道教

公元前600年—公元前500年

几个世纪以来，道教发展出许多冥想技巧，包括太极，它的简化形式在今天非常受欢迎。

公元前5000年　　公元前3000年　　公元前1500年　　公元前600年

瑜伽

公元前5000年—公元前3500年

南亚印度河流域的壁画描绘出人们以冥想坐姿半闭眼睛的形态。这是世界上最早的冥想证据之一，它与一些印度教传统相关。

耆那教

公元前600年—公元前400年

专注于非暴力和无我的耆那教由印度的马哈维拉创立。它发展出一些冥想技巧，如灵魂洞察和静坐。

佛教

公元前600年—公元前500年

乔达摩·悉达多，后被称为佛陀，为寻求智慧而放弃无比优越的生活，据说他从瑜伽行者那里学会冥想。佛教冥想包括内观、止观和慈心禅，是如今西方人最广泛练习的几种冥想类型。

 ## 希腊哲学

公元前20年—公元300年

亚历山大城的哲学家斐洛和普罗提诺开创了包含专注的冥想技巧，但是这些方法不被早期基督教接受。东方思想的影响和西方的沉思传统都伴随着基督教在欧洲的兴起而结束。

公元前500年　　公元前400年　　公元前200年　　公元前20年

 ## 佛教

公元前500年—公元前200年

佛教传播遍布亚洲，并发展出许多不同的分支。

 ## 希腊哲学

公元前327年—公元前325年

亚历山大大帝在印度的军事功绩被认为促成了印度的圣贤、瑜伽行者和希腊哲学家之间的接触。希腊人发展出他们自己的冥想方法，比如凝视肚脐（意守丹田）。

未完，接下页 ▶

佛教禅宗

公元527年

当时出现的禅坐在今天仍被人们广泛地练习。

✝ 基督教神秘主义

公元500—600年

诵读圣言的冥想练习是本笃会规则的特色,也广泛地被本笃会所实践。

✝ 基督教神秘主义

公元900—1300年

向耶稣祷告从希腊静修主义基督教传统中发展出来,据说受到苏菲派和印度人的影响。

300　　　500　　　600　　　900　　　1200

✝ 基督教神秘主义

公元300年

基督教神秘主义发展出自己的冥想形式。

苏菲派

公元600年

在伊斯兰教早期就已出现,并发展出一些冥想练习。

西方世俗主义
1893年

西方世界开始对瑜伽和冥想产生强烈兴趣。

 西方世俗主义
20世纪初

冥想传至西方,并转变为被西方普遍接受的简化方式。

 锡克教
15世纪

那纳克在印度创立锡克教。锡克教的冥想,比如颂唱,今天依旧被人们广泛练习。

 西方世俗主义
18世纪—19世纪初

东方哲学的许多文本已被翻译成欧洲语言,包括《奥义书》和《薄伽梵歌》。佛教已经成为西方知识分子研究的一个主题。

 西方世俗主义
20世纪30—80年代

开始出现对冥想的科学研究,并且冥想作为一种方法,继续远离它的精神源起。

1300　1400　　1700　1800　　1900　　1930　1980　今天

 犹太教卡巴拉
13世纪初

最初是口述传统,而后被整理成文字收录在《光辉之书》中。

 今天

冥想成为主流并被普遍世俗化。它现已被证实有诸多好处,这是它持续受欢迎的最显著原因。

1. 理解冥想

吠檀多	**道教**	**苏菲派**
抽象的冥想有助于我们思考自己真正是谁,并将我们从牵挂中解脱出来。	通过身体、呼吸和形象化练习,让一切变得和谐。	这是一种精神冥想。
遮止: 抛弃所有身份和牵挂,保持一种纯粹意识。	**太极:** 缓慢的冥想运动。	**心跳冥想:** 专注内心和聆听心跳。
自我探寻: 通过思考"我是谁"这个问题来提升自我认知。	**内观:** 身体的内在形象化练习。	**苏菲旋转/舞蹈:** 最重要的特点是随着音乐旋转身体。
见证: 专注于纯粹的"我是"的感觉,以及自己是全部思想和感觉的清醒观察者这一事实。	**坐忘:** 放下所有想法,并且"忘记所有事情"。	
	气功: 呼吸练习伴随着缓慢而同步的肢体运动。	

近距离端详

冥想类型

冥想练习可以追溯到几千年前,跨越多重文化和传统,每一种文化和传统都包含各种各样的冥想技巧。在此,我们展示出冥想主流传统中依然存在且广泛应用的重要类型。

佛教和禅

需要利用注意力、观察和纯粹意识进行一系列冥想练习。

正念和内观： 观察你当下的经历，不要专注于任何事情，也不要牵挂任何事情。

禅坐： 专注于呼吸，或者只是静坐。

经行： 缓慢行走，专注于呼吸或双脚的感觉。

贴标签： 对每一种浮现的思想、感觉和觉察贴标签。

慈心冥想： 激发并强化爱自己和爱他人的感觉。

止禅： 专注于呼吸。

瑜伽

各种各样以集中注意力为基础的练习，使我们的视觉、听觉、思维、心灵和精力都得到锻炼。

调息： 改变你的身体和精神状态，如蜂鸣调息。

瑜伽休息术： 练习躺下，它涉及所有肌肉的深度放松和形象化，并在潜意识中"种"下决心或肯定。

昆达里尼： 专注于身体的能量中心。

一点凝视法： 睁开眼睛凝视，通常可以专注于蜡烛的火焰、墙上的某个固定点，或者对着一幅画。

曼陀罗冥想： 以几何图像为注意焦点。

内心静默： 观察心灵和感觉，随心所欲地创造和加工思想，然后到达超越所有思想的内在寂静。

坦陀罗沉思： 运用形象化、想象力等来净化心灵，扩展意识。

"最佳的冥想技巧是在当下生活中对你有效的那种技巧。"

提高注意力,磨炼意志

心灵的冥想

人们早就认识到冥想的心理益处,但最近的研究能够向我们展示冥想是如何起作用的。

假设你一开始就想把注意力集中在呼吸上,并尽可能长时间地保持在呼吸上。

这是一种注意力和意志力的锻炼。几秒钟后,你发现你的注意力分散了,你在想午饭吃什么。集中注意力本身就是一种自我意识和正念的练习。

然后你把注意力从思考中解放出来,把它带回你的呼吸中。这个过程是一种精神放松、自我调节、集中注意力和意志力的练习。你的头脑正被训练得更流畅,并在你的意识控制之下。

随着时间的推移和不断的练习,这些力量将变得越来越强大。在这个科技干扰的时代,这些力量就像超能力。

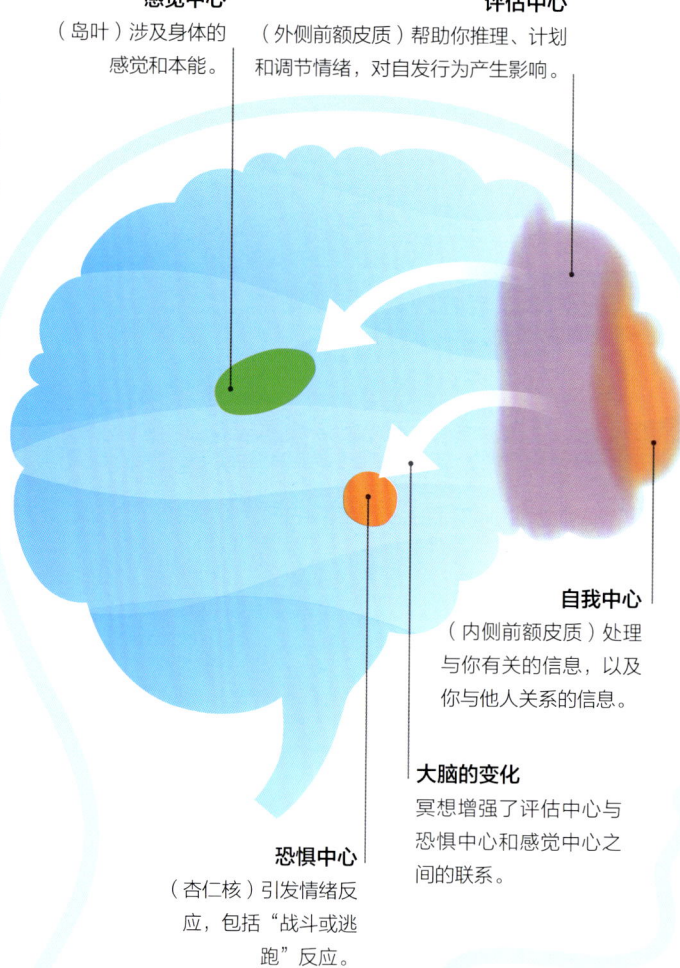

感觉中心
(岛叶)涉及身体的感觉和本能。

评估中心
(外侧前额皮质)帮助你推理、计划和调节情绪,对自发行为产生影响。

自我中心
(内侧前额皮质)处理与你有关的信息,以及你与他人关系的信息。

恐惧中心
(杏仁核)引发情绪反应,包括"战斗或逃跑"反应。

大脑的变化
冥想增强了评估中心与恐惧中心和感觉中心之间的联系。

大脑重新布线

不冥想的人在自我中心、恐惧中心和感觉中心三者之间有很强的联系。冥想削弱了这些联系,加强了与评估中心相关的通路,其结果是降低焦虑和对威胁的反应趋于缓和。

对大脑的益处

研究证实,冥想对我们的大脑有诸多有利影响。冥想越多,大脑的改变也就越多。经常练习冥想非常重要,它能使冥想的效益最大化,并且阻止你的大脑滑向错误的工作方式。

更集中的注意力

2010年美国的一项研究发现,在连续四天每天冥想20分钟后,参与者的认知技能,包括保持注意力和在压力下表现的能力都得到了提高。冥想还能促进视觉空间处理能力、工作记忆能力和执行能力。

被提升的创造力

莱顿大学2012年的一项研究评估了冥想参与者的创造力和非常规思维,结果显示冥想后的个体表现更好。这种冥想包括正念和内观。

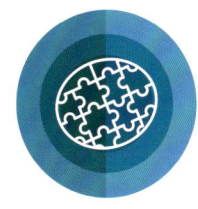

更好的学习力和记忆力

在2011年一项归属于哈佛大学的研究中,经过8周的正念冥想训练后,参与者大脑中学习和记忆处理区域的灰质密度提高。

对无意识的意识

依据2016年英国苏塞克斯大学发表的一项研究报告,那些练习正念冥想的人比没有进行过冥想的人表现出更多自我意识的觉知。并且,人们也已发现冥想者很难被催眠。

减少对睡眠的需求

肯塔基州大学2010年的一项研究比较了同年龄同性别组中长期冥想者和不冥想者的正常睡眠时间。结果显示,有经验的冥想者需要的睡眠时间较少。

更快速的处理过程

加州大学洛杉矶分校神经成像实验室的科学家在2012年进行的一项研究发现,长期冥想者的大脑皮质褶皱比非冥想者更显著。这种现象被认为会帮助大脑更快地处理信息和更快地做决定。

情绪健康的关键

心灵的冥想

通过提高你的意识、注意力和释放负面情绪的能力，冥想对你的健康和思维有很多好处，它可以增强你的情绪和心理健康，给你带来更快乐、更平衡的生活。

想象一下，你正在耐心地排队，突然有人在你面前插队，你愤怒的情绪油然生起。这种感觉给你的身体和心理带来压力，在某种程度上，这是一种自我折磨的方式。

如果没有冥想技巧，这种感觉可能会持续很长时间，但是通过学习冥想，你可以从消极状态中更快地走出来。即使愤怒还在那里，它也不会占据你所有的意识。

一些冥想技巧，比如慈心冥想（见134~135页），也教你如何有目的地培养积极情绪。

这样一来，你能花更多的时间在积极情绪上，而花更少的时间在负面情绪上。

"负面情绪不再那么深刻而吞噬一切。"

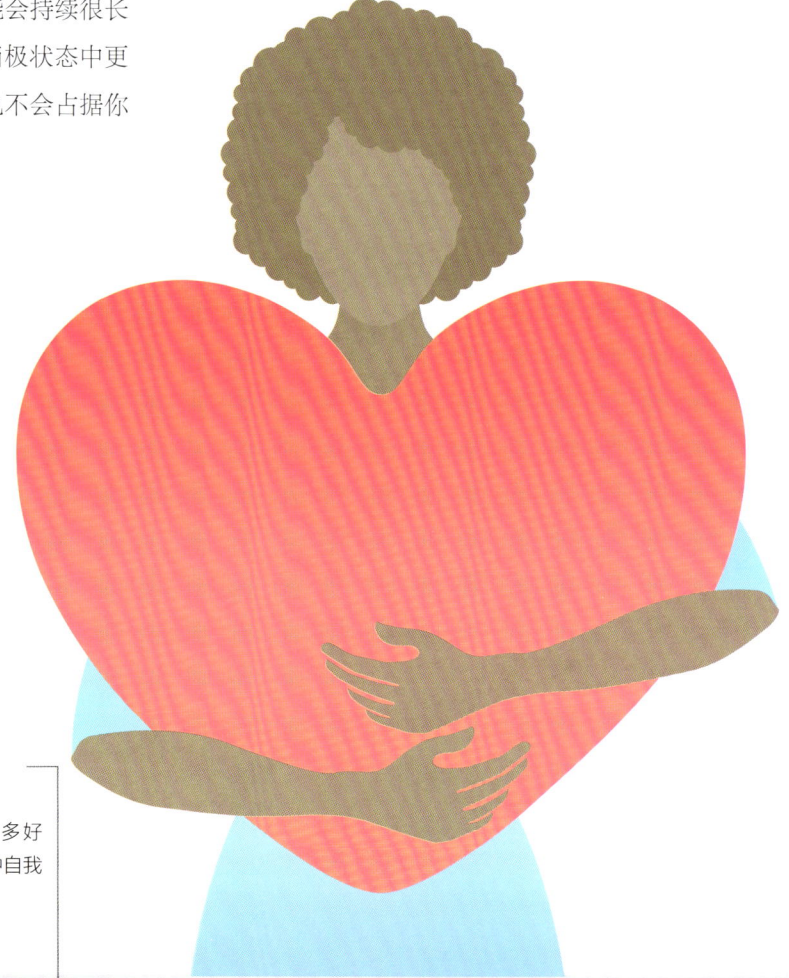

爱自己

因为冥想的诸多好处，它已经成为一种自我关爱的方式。

对健康的好处

研究表明,冥想对我们的健康有以下有益的影响。尽管在健康领域的许多研究专注于慈心冥想技巧,但是多种类型的冥想都有减轻压力和不安的好处。

缓解抑郁

2014年的一项国际研究发现,与对照组相比,正念冥想减少了青少年的抑郁症状。在另一项持续6个月冥想训练的案例中也发现,正念冥想有助于防止类似抑郁症状的发展。

调节焦虑和情绪障碍

2006年一个针对20项随机对照试验的研究表明,冥想练习对调节焦虑和情绪障碍有积极影响,而2012年发表的一项美国元分析报告显示,冥想可以减轻焦虑症状。

提高情商和适应力

依据心理治疗师亚历山大·罗恩博士的研究,在冥想中控制你的注意力可以提高你的情商和适应力。2008年的一项研究表明,慈心冥想会提高人们对变化和多元化的适应性。

提高同理心

美国2013年发表的一项研究报告表明,练习以同理心为基础的冥想,如慈心冥想,会提高你读懂他人面部表情的能力。研究也发现,练习者大脑中与同理心有关的区域的神经活动有所增加。

增强自我意识和自我调节

美国2011年发表的一项研究报告表明,8周正念冥想能提升大脑中与调控情绪、自我参照加工过程和洞察力有关区域的灰质密度。

培养正面情绪和与人联结

美国2018年的一项研究结果表明,慈心冥想提高了练习者的积极情绪,增加了他们的个人资源,如人生目标和社会支持。2012年美国的一项研究发现,正念冥想可以减少老年人的孤独感。

身体所需

冥想和压力

压力是生活中正常和不可避免的一部分，但是太多的压力会对我们的身体造成灾难性的影响。冥想会给你应对身体和情绪压力的工具，帮助你拥有更健康的生活。

无论压力来自什么，它都是一种你无法应对所面临问题时的感受，它会导致许多健康问题，例如从消化紊乱、睡眠问题到酗酒、暴饮暴食等不健康的生活习惯。

通过提高你的注意力、意识和放松的技能，以及你选择关注什么和管理情绪的能力，冥想可以帮助你应对日常生活中的压力，帮助你拥有更健康的身心。冥想也被证实可降低应激激素皮质醇的含量，这种激素的释放是人类"战斗或逃跑"反应模式的一部分。如果在下一轮压力到来之前，身体的放松机制没有开启，身体内应激激素皮质醇的含量会居高不下，你可能要进入一种持续的压力状态，这对身体有很多负面影响。幸运的是，冥想能打破这一循环。

压力循环

慢性压力导致体内高含量的皮质醇。

高含量的皮质醇影响海马体的功能，损害你的注意力、感觉、记忆力和学习力。

表现不好导致压力更大、睡眠不足和情绪抑郁，这也会提高皮质醇含量。

冥想

所有类型的冥想都会帮助你创造身体和精神深度休息的状态，这会降低你体内皮质醇的含量，使大脑海马体功能正常。

打破压力循环

经常冥想有助于打破压力循环，让你表现得更好。

缓解压力

冥想不仅能让你在日常生活中学会应对压力的技巧，而且已经被科学证明，可以减轻压力带来的一些生理和心理症状。

对压力的反应降低

根据2015年英国一项对冥想的元分析研究，正念冥想已被发现对减少我们的压力反应特别有效。由此，我们能以一种更节制的方式感受压力。

有助于延缓衰老

根据2009年美国发表的一项研究结果，端粒（阻止DNA链分离的保护性"帽子"）的缩短与细胞老化有关。一些冥想类型，如正念冥想，通过减小压力刺激，对端粒的长度具有有益影响。

有助于增强免疫力

压力会使人体免疫系统功能变弱，冥想的作用正好与之相反。2003年美国的一项研究比较了冥想者和非冥想者的免疫反应，发现冥想者有更强的免疫功能。

缓解心理压力症状

2014年美国的一项元分析结果显示，正念冥想有助于缓解压力的表现，如不安和疼痛。2014年美国的另一项元分析发现，焦虑的水平越高，冥想能起的作用越大。

有助于维持正常血压

高血压是压力诸多负面效应中的一种表现，但是2012年美国发表的一项从1998年持续到2007年的研究结果发现，冥想有助于维持正常血压。

有助于安神

把冥想融入你的日常生活，会让你更加平静。2012年德国的一项研究结果表明，冥想有助于安神。

精神所需

冥想和你的灵魂

精神所需是冥想最初的目的，它的益处，如下面所展示的，可能是显著的。这些精神上的益处，比起身体健康的益处，要花费更长的时间去发现，但是这些益处会满足更深层次的需求。

> "平和是感知幸福的基础。"

心灵的纯化

通过照亮潜意识，冥想助你净化内心。

冥想使我们直面恐惧，直面我们的心理阴影和我们自己。它揭示了我们内心的一切，如压抑的记忆、消极的情绪和未曾表达的情感。在冥想中，我们保持头脑冷静，克制自我判断和解释。渐渐地，这些想法和感觉要么被释放，要么融入我们有意识的思维和个性中。

智慧、洞察力和启示

取决于你如何开展冥想练习，冥想可以包含对生命深层真相的研究。

冥想能帮助你探寻事物的本质，拥有更深刻的洞见，找到生命的意义。

超越自我

在忙乱的生活中，冥想帮助你积蓄更强大的力量。

冥想能够让你暂时停下脚步，抚慰受伤的自己，积蓄力量，超越自我。

一个古老的符号

莲花在很多文化中受到尊崇,它代表纯洁和启迪。

满足和不可动摇的平和

随着你意识到冥想的好处,你开始感觉一切都会好起来。

正如我们的生活经验,无论我们错得有多离谱,我们总能够通过冥想进入内心的宁静殿堂。这成为你自我满足和对生活满意的基础,你不需要特别的原因就很快乐。如果你不为任何原因而开心,如果开心或满足是你本质的一部分,那么就没有人能从你身上拿走它。

使命感和意义感

冥想会赋予你对生活更高的使命感和意义感。

冥想会拓展你的潜能,赋予你对生活强烈的使命感和意义感,让你不再感到迷茫或无助。

提高直觉

冥想练习可以帮助我们提高直觉。

无论顿悟还是难以言喻的直觉,本能可以帮助我们远离危险,了解人们的真正动机,而冥想恰恰可以帮助我们提高直觉,做出更好的决定。

静思

把"噪音"关小

平均而言，我们每人每天大约有5万个想法，其中大部分我们已经有过很多次了。觉察是平息这种精神喋喋不休的第一步。

假设你早上醒来，去洗手间，对着镜子看自己。你的大脑很可能会喃喃自语，漫无目的地说个不停，似乎不顾你的意志，因为这是你的大脑默认的工作模式。

正念思考

思考是大脑所做的事情。对于思考，你能做的并不多，但是随着冥想，你可以平息大脑中的"噪音"。与其迷失在大脑的喋喋不休中，不如走进洗手间，在洗脸的时候，留意水流接触皮肤的清新感觉。你也可以在刷牙时注意每一颗牙齿，更冷静、更清晰地开始你的一天。当想法或内心独白开始浮现时，你能认出它们，你可以选择简单地注意它们，然后放手，或者选择和它们对话，但要有更多的目的性和意识。这就是正念的感觉。

"……无聊的工作……"

"……今天和约翰开会……"

"……想再睡一会儿……"

"……我看起来很糟糕……"

"……似乎又是美好的一天……"

"……又熬夜了……"

放下

有了更多的意识，我们可以更多地关注积极的想法，让消极的想法远离我们，或者更多地关注当下。

"……无力承担……"

"……真想放假……"

"……期待今晚……"

"……周末不远了……"

"……我在浪费时间……"

觉察

要消除头脑中的杂念，第一步是养成观察自己思想的习惯，并加强这种技能。通过冥想，你会成为自己精神状态和情感状态的见证者。有了更多的觉知，你就能把消极和无益的想法从积极的想法中区分出来，并且可以选择放弃它们，就像你在冥想中放弃干扰你的事情一样。由此，你的思想不再自动地漫无边际，你的头脑变得更加平静。这会给你留出空间来决定把注意力集中在哪里，比如是你现在正在做的事情，还是一个值得注意的想法，或者思考下一步需要采取什么方式来实现目标。

"意识是在头脑中找到平静和安宁的关键。"

你可以选择

掌握心流

你的想法总是对的吗?它们是你自己的想法吗?我们倾向于毫无疑问地相信自己的想法,但是如果我们给予它们充分的权威,我们就会成为它们的受害者。冥想告诉我们,最重要的是我们把注意力放在哪里。

如果你的大脑说"你不值得被爱"或者"你在生活中永远不会有成就",那么你很有可能会相信它,感觉到它,并采取相应的行动。但是我们的很多想法不是真实的,或至少是没有帮助的。这些想法是我们的记忆、过去的环境、恐惧或我们从他人那里提取的信息所导致的结果。尽管我们怀疑我们的想法不总是真实的,我们仍会感到无能为力。

试试将你的心流看成一个社交媒体提要。你一生中已经"订阅"或不曾留意过的许多不同事物不断地在你的社交媒体提要中出现,你甚至不知道它们来自何处。在这些内容中,有些是真实的、有意思的,但是也有很多是令人沮丧的、没有帮助的,或者是不真实的。

注意力的力量

无论它们是好是坏,有益还是无益,注意力喂养着这些想法。当你相信一个想法,认同它或者对它形成一种情绪反应,你就能增强这个想法。

冥想帮助你不断地将注意力集中在冥想对象上,从而增强你的注意力和专注力。这能让你把注意力从无用的、不真实的想法上转移开,集中在培养好的想法上,并让它们变得更强大,让它们在你的生活中更有力量。

"你是你的想法的观察者。"

正念的心流

掌握心流的第一步是意识到你不需要相信或跟随你的想法，这本身就是对无意识思想灌输的中断。然后，就你的每个想法问两个问题，并选择把注意力放在哪里。

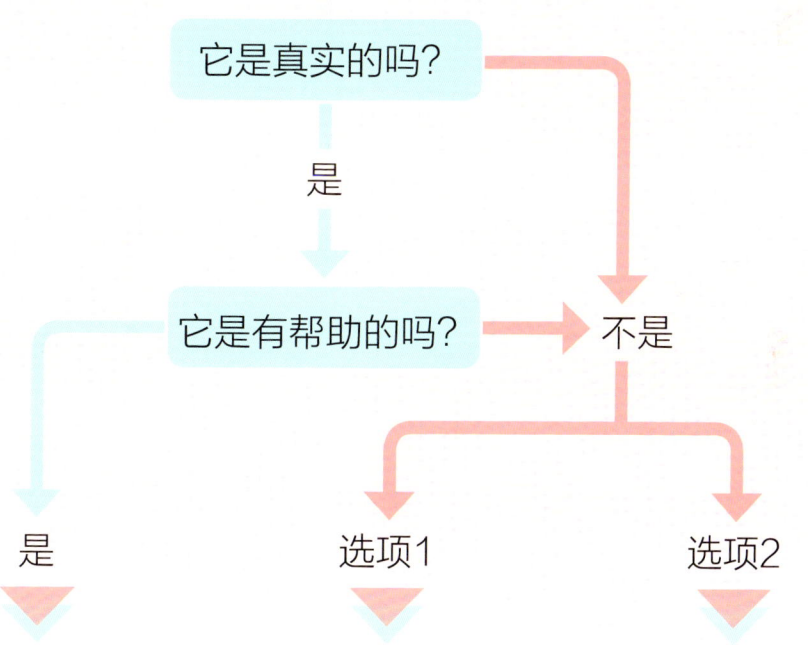

想法

它是真实的吗？
是 → 它是有帮助的吗？
不是

是 → **让想法如它所是。** 你可以喜欢它、评论它、扩展它、分享它，就像喜欢社交媒体的帖子一样。只要你觉得合适，就可以在生活中自如地使用它，这会让你增强这个想法。

选项1：**简单地观察**这个想法，不管它，不卷入，就像你在冥想中做的那样。你的想法最终会消失。冥想帮助你把注意力放在这个想法以外的别处。

选项2：**说服你自己**，通过深层次正念式的心灵对话，确切地分析为什么这个想法是不真实的，是没有帮助的。这段对话对经常出现的想法特别有帮助。

无主的房子混乱无序

自我调节的力量

没有自我意识，我们无力面对自己的想法和感觉。冥想给予我们重新控制思想和生命的工具。

请你想象一个大房子里有着很棒的家具、充足的食物与娱乐设施。只有一个问题，那就是这个房子没有主人。既然没有主人，那么任何人都可以进入，愿意待多久就待多久，并在房子里做他们想做的任何事情。一些人可能会制造许多噪音，毁坏家具，或者欺凌其他人。即使有家规，但因为没有主人来执行，这些规则也不会受到尊重，其本质只是一个愿望列表。

失控

我们的心灵就像这嘈杂的房子，所有拜访心灵的想法、感觉和情绪就是访客。房子的规则是我们希望自己的生活是什么样子的，包括我们的价值和抱负，而缺失的主人就是意识。没有意识，我们的想法、感觉和情绪会进入心灵并进行破坏。没有人监视它们，它们能逃脱一切。这样一来，我们的思想就会成为我们最大的敌人，我们最终会让自己与想要成为的人相去甚远。

唤醒主人

所有的冥想练习都是对意识、注意力和自我调控的练习，它们本质上是对房子主人的叫醒服务。

你对头脑里每时每刻发生的事情意识得越多，你就越了解自己。意识是一种警觉和存在的品质，它能看到你的内心，知道你在想什么。它可以辨别房子里的哪些客人应该留下，哪些客人应该在造成太大破坏之前被请出门。拥有意识，你能更好地管理自身和自己的生活，房子的规则也会受到尊重，你会再次感觉这是一个好地方。

你的"家规"

你的"家规"代表着你想要的内心生活。决定内心生活的样子会帮助你识别哪些"访客"应该留下来,哪些"访客"不应该留下来。例如你该留下:

积极和**感恩**;

乐观情绪;

活在当下;

不逃避恐惧;

专注于真正重要的事情。

"做思想的主人,明智地选择把注意力放在哪里。"

活在当下只是故事的一半

当下、过去和未来的觉知

"活在当下"这句话在冥想中经常会用到,以至于很多人认为当下意识就是冥想的全部。通过冥想来培养我们的觉知,对思考我们的过去和未来也很有帮助。

活在当下,或当下意识,意味着你在关注当下正在发生的事情。当你专注于你所吃的食物时,或者当你真正地专注于工作、与他人交谈或运动时,你就在训练当下意识。

这种当下意识是冥想的关键因素,并且毫无疑问的是,为了冥想你需要在"此时此地",否则你无法实现冥想。尽管在日常活动中,保持"此时此地"会带来某种程度的冥想品质,但是"此时此地"本身并不能使人冥想,而且它也不能替代冥想训练。想要真正的冥想,你还需要放松、保持平静、观察自己的内心,并集中注意力。

思考过去与未来

另一个常见的误解是认为思考过去和未来在某种程度上"违背"了冥想的原则。记住过去并从中学习、设定目标、为将来做计划或思考我们的行为的后果,这些能力都是我们日常生活所需的重要技能。当我们被与过去和未来有关的想法、感觉所控制和压倒时,问题就会出现,就像没有主人的房子一样。

冥想练习并非要求你不使用记忆、学习或计划的技能,它也不会减弱你使用它们的能力。事实恰恰相反,冥想通过指导我们留意自己的思想,帮助我们更清晰、更冷静、更有目的地对待自己的过去和未来。

> "活在当下是冥想非常重要的一部分,但不是它的全部。"

传统的心态与冥想的心态

通过发展我们的觉知,冥想赋予我们有意识和自主思考的力量,而不是自动地思考。随之而来的是,我们的思维和正确看待过去与未来的能力也变得更加强大,我们更容易活在当下。

传统心态

过去
你过往经历的想法和感觉(比如怀旧或遗憾)在脑海中重放,并且可能是压倒性的。

未来
对于即将到来的事情的想法和感觉(比如希望或恐惧)占据你的大脑,并引发不安。

意识
你的意识主要由过去和未来的思想主导。

当下
你花更少的时间专注当下。

冥想心态

过去
随着更多地控制自己的注意力,你能专注于积极的事情,如学习和记忆。

意识
你对过去和未来的想法更加冷静和清晰。你对它们更有控制力,它们在你脑海中占据更少的空间。

未来
随着更多地控制自己的注意力,你能专注于积极的事情,如愿景和目标。

当下
你的大脑有更多的空间来处理当下的事情,并且你可以花更多的时间活在当下。

2
MEET THE MEDITATING MIND
遇见冥想

开始你的旅程

期待什么

在本章里，你会直接接触某些短程冥想，感受不同的风格，从而让你的生活立刻平静下来。但在你开始之前，知道该期待什么是很有帮助的。

首先，用一个简短、简单的方法初试冥想，然后按照自己的节奏尝试五个微冥想。每一个微冥想都有一个不同的关注点——身体、所见、呼吸、想法和声音。你也许想一个接一个地尝试微冥想，但最好慢慢来。你可以每天用五分钟尝试这些方法中的一个，这样就能真正体验到每一种方法如何影响你的身心。你也可以回过头来，在任何你想要暂停的时候使用这些方法。

最后，你要仔细回想一下每次冥想前后的感觉，这样就知道哪一种冥想方式对你最有效，并且能在你建立日常练习模式之前就解决那些突发问题。

切实的期望

等你读完这一章关于冥想的所有内容，你也许会认为，初次尝试10分钟冥想后你就会变成超人，但这是一个陷阱。冥想的益处需要一段时间后才能慢慢显现，其中某些益处可能要经过数周的练习才会出现，而某些益处也许需要耗费数月，甚至数年的时间才会出现。所以，如果你做冥想练习是为了计算益处并期待即时效果，你也许会感到失望和气馁。

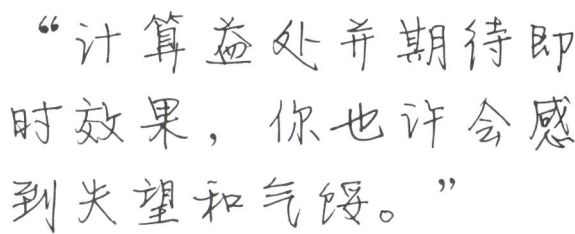

"计算益处并期待即时效果,你也许会感到失望和气馁。"

尽管如此,根据你的敏感度和自我意识的水平,你可能会感觉到一些益处,即便是简单的一次练习之后,比如:

- **身体和精神**的安宁和放松;
- 头脑**更清醒**;
- **清新感**和宁静;
- **感觉脚踏实地**和专注。

只要你尽可能地严格按照合适的方法去做,并保持正确的心态,冥想的益处就会随之而来。

冥想者的心态

冥想练习的最佳心态是:

好奇。对你的练习持开放的心态并保持兴趣,这样它就不会变得机械化或无聊。

坚持不懈。不管怎样,坚持每天冥想。这是冥想能给你带来益处和转变的基础。

不评判。不要因为在练习中分心或者没有按"正确"的方法去做而批评或抱怨自己。不要高估你的冥想练习。

耐心。不着急,不要过早地期待太多,自我转变需要时间。

吸一口气

第一次尝试冥想

如果你从没有冥想过,或者你只想在继续冥想之旅前休息一下,请试试这个简短的冥想,它只需五分钟。如果你愿意,你甚至可以打开计时器。

01 舒服地坐在椅子上或者地板上。背部和脖子挺直。要么闭上眼睛,要么睁开眼睛,放松而安静地凝视地板。

02 做三次深呼吸,从鼻子吸入,从嘴巴呼出。然后紧闭嘴巴。

03 关注你的身体。感受你身体的重量,感受你整个身体的状态,感受你的身体接触地板和皮肤接触衣服的感觉。

04 在精神层面上扫描你的全身,看看有没有紧张感。找到一个紧张点,专注于它,并随着呼气而将其释放。

"在整个过程的任何阶段,如果你的脑海里浮现出任何想法或图像,请顺其自然,不要被它们所打扰。"

05 专注你的呼吸。留意你的身体有哪些部位参与呼吸的过程，比如鼻孔、喉咙、胸腔和腹部。观察你身体中所有这些部位呼吸的感觉。

06 注意鼻孔呼吸的感觉：呼吸的品质如何？深深的还是浅浅的？舒缓的还是急促的？平稳的还是不规律的？温暖的还是凉凉的？

07 让你的想法和思绪像天空中的白云一样飘过，并持续观察你的呼吸感觉。

08 问自己："和五分钟前相比，我的身体和心灵有哪些变化？"尝试去感受其中的不同。

现在尝试微冥想1
坚定如山
运用身体觉知和自我肯定来让自己感到平静和坚定。▶

坚定如山

微冥想1：身体意识

　　山是平静、强大和力量的象征。运用你的想象、自我肯定和身体意识，让冥想帮助你感觉像山一样平静和坚定。你也可以在练习其他任何冥想之前使用，或者让它帮你入眠。

01 保持稳定而舒适的坐姿，闭上眼睛，用鼻子吸气，并做三次深呼吸，让呼吸深长、柔软和均匀。

02 花点时间把你的身体感觉成一个整体，感受你的身体和地板、坐垫或椅子的接触，感受地面在如何支撑你。

03 将你的注意力集中在你的右腿上，重复对自己说：

04 想象你的右腿变成了一座山，这座山从你的体内长出，或者你的细胞正在转变成山。

"……我的右腿像山一样重，像山一样坚固。我完全放松、舒适和静止。"

06 再一次专注于你的全身,将它想成一个整体,留意身体的感觉,重复对自己说:

"……我的全身像山一样重,像山一样坚固。我完全放松、舒适和静止。"

07 感受此时的宁静、平和与愉悦,享受放松和沉浸的感觉。

05 对身体的其他部位重复同样的话语,这些部位包括你的左腿、每一条胳膊,以及躯干、脖子、头部和脸庞。

08 无论何时,只要你做好准备,就可以把注意力放在手指上,并缓慢移动手指,然后逐步移动身体的各部位,慢慢地从冥想中走出来。

09 结束冥想后,用片刻时间回想自己在冥想中及冥想后的感觉。

"带着信念、专注和情感说出这些话,以唤醒体内的这些感觉。"

现在尝试微冥想2
持续凝视
在接下来的冥想中,你将用眼睛的平静来帮助头脑平静。▶

2. 遇见冥想

持续凝视

微冥想2：头脑平静

这种技巧通过保持凝视不动，从而在头脑中创造平静。它可以被当作进行任何其他冥想练习的准备。

01 保持平稳舒适的坐姿或平躺。双眼睁开，用鼻子吸气并深呼吸三次，让呼吸深长、柔软且均匀。放松身体并在冥想过程中保持稳定。

02 专注地观察一个静止的物体，如建筑物、月亮或椅子上的一个物体，并将你的身体和头移向那个方位。在理想情况下，可以让物体保持在与眼睛水平的位置上，这样你的头和眼睛就与地面平行。如果物体很大，那么就可以专注地去看它的一个部位。

> "让你的所有意识与双眼合二为一。"

03 让双眼和注意力专注于你的目标，就好像它是整个宇宙中唯一存在的东西。让你的眼睛静止而放松，不要故意眨眼睛，而让眨眼自然发生。如果你在皱眉或者你的眼神在闪烁，这表明你过于紧张。你也不宜让眼睛有任何灼烧感。如果有，就要停止练习。

04 让想法像天空中的白云一样飘来飘去。如果你觉得有用，你可以在脑海中重复你所观察物体的名字，比如"月亮、月亮、月亮"。这有助于你专注于你的目标。请持续3~5分钟。

05 当你准备好时，闭上眼睛，让它们休息一下，然后用片刻时间回想冥想中和冥想后的感觉。

现在尝试微冥想3

进和出

在接下来的冥想中，请专注于你的呼吸。▶

进和出

微冥想3：数息

呼吸是最受欢迎的冥想对象之一。你可以注意呼吸的感觉，用话语同步你的呼吸，或者用特定的模式调节它。这个技巧遵循最简单的方法：数呼吸。

01 以稳定舒适的姿势坐下或躺下。用鼻子吸气，用嘴巴呼气，做三次深呼吸，并让呼吸深长、柔软而均匀。放松你的身体，让它在整个冥想过程中保持稳定。闭上眼睛和嘴巴。

02 专注你的呼吸。观察呼吸几分钟，不要尝试改变它，只简单地观察它的本来面目。

03 现在开始从10到1数你的呼吸。吸入空气，在吸气结束的片刻心里默念数字10，然后呼气。呼气快结束时心里再次默念数字10。之后重复9，8……一直数到1。当你数完1，你可以从10开始另一个循环。

06 花点时间回想一下冥想中和冥想后的感觉。

05 当你感觉准备好了，你可以停止计数并观察一会儿你的呼吸，并注意你的呼吸模式和思想的任何变化。然后，轻轻地移动手指，睁开眼睛，结束练习。

04 当你数呼吸的时候，让思绪来去自如，你没有必要压抑它们或被它们困扰。只要确保把足够的注意力分配到呼吸和计数上，你就不会迷失方向。

"如果你迷失或忘记前面数的数字，从10重新开始吧。"

现在尝试微冥想4

天空之云

运用观察的意识获得冷静和清明。▶

2. 遇见冥想

天空之云

微冥想4：观察你的想法

一般情况下，我们认为自己的想法就是事实。我们甚至对自己的想法有很强的认同感。在这个冥想技巧中，你将成为自己的想法的见证者，这会帮助你与你的想法保持一定的距离，给你更清晰的认知和内在的自由。

01 以稳定舒适的姿势坐下或躺下。用鼻子吸气，用嘴巴呼气，深呼吸三次，并让呼吸深长、柔软和均匀。放松你的身体，让它在整个练习过程中保持稳定。

02 在脑海中想象你的思绪像天上的云一样飘过。每一朵云有不同的形状、颜色、速度和意义，但是它们只是云。从远处观察它们。

> "当你留意到自己的注意力被一个想法所吸引，请简单地让自己回到纯粹的观察状态。"

> "你的想法可能是言语、情感或形象，但要把它们都想成云朵。"

03 允许自己注意到每一个想法，但不要与之互动。不要解释这个想法，不要去评判它，也不要和它进行任何对话。对每一个想法进行公正的观察，这就是你需要做的。请这样练习几分钟。

04 当你准备好时，缓慢地移动身体，睁开眼睛。花几分钟时间回想你在冥想中和冥想后的感觉。

你的观察者心态

如果云朵这一形象对你不奏效，你可以尝试其他视觉比喻：

你的想法像小溪中的水泡——你看着它们流过。

你的想法像投影到银幕上的画面——你看着它们就像看电影。

现在尝试微冥想5

当下之声

通过专注于听觉来清空大脑。▶

当下之声

微冥想5：纯粹的感受

这种冥想利用你的听觉来达到一种纯粹的接受状态。你的耳朵无法思考，所以你越把所有的意识都集中在听觉上，你就越能清空你的大脑，创造更多的空间、平静和清明。

01 以稳定舒适的姿势坐下或躺下。用鼻子吸气，用嘴呼气，深呼吸三次，并让呼吸深长、柔软和均匀，嘴巴闭合。放松你的身体，让它在整个练习过程中保持稳定。

02 将所有意识集中于听觉。想象那是你唯一的感觉，那是你感知世界的唯一方式。把你的整个头脑变成耳朵。

03 留意你周围环境中的声音。尽可能地多留意一些，可以是鸟鸣、洗碗机的声音，也可以是汽车经过的声音。你不需要在脑海中给它们命名，也不需要考虑它们来自哪里。不要追逐任何一种声音，只要在每种声音上花几秒钟时间去留意即可。

"如果有任何想法或其他感觉干扰你,请将注意力放在纯粹的倾听上。"

04 逐渐去倾听更遥远的声音,远离你身体中的声音。体验每一种声音,无论你喜不喜欢。仅仅纯粹地倾听,就好像你是一块带耳朵的石头。

05 现在选择一种你能持续听到的声音。如果没有什么持续的声音,那么就留意自己呼吸的声音。

06 你的目标并不是在头脑中屏蔽其他声音,而是简单地保持持续的意识流,并留意你选择的这种声音。

07 当你准备好时,停止倾听声音,重新专注于自己的身体,注意你的感受。轻轻地移动手指,睁开眼睛,结束练习。花几分钟时间回想你在冥想中和冥想后的感觉。

现在是反思的时候
感受如何?
停下来想一想你在每一种冥想中的感受如何。▶

2. 遇见冥想

你的感受

思考的时候到了

既然你已经开始尝试冥想，请花点时间想想冥想带给你的感受。你可能已经感到宁静平和，然而学习任何新技能都需要时间。如果你遇到任何问题，下面或许会为你提供简单的解决办法。

Q 问题：我接下来应该做什么？

每一种微冥想都有不同的关注焦点——身体、视觉、呼吸、想法或声音。回想每一种方法带给你的感觉，会帮助你在冥想实践中了解哪一种对你奏效。对于每一种微冥想，问自己下列问题：

● **冥想中你感觉如何？**

你的头脑是否自然地投入冥想练习且感觉舒适，还是感觉自己被逼迫或感觉很无聊？对不同的人而言，不同的感官具有不同的吸引力，因此需考虑专注于哪种感官最有效，然后选择主要运用这种感观的冥想技巧。

● **冥想后你感觉如何？**

人们出于不同目的、经历或个人发展而冥想。你可能只想放松一下，或者想体验一种自由感、存在感、爱或自我认知。想想你最想寻求的是什么，哪一种微冥想会帮助你实现这一点，然后选择相关的冥想技巧尝试一下。

Q 问题：这感觉很奇怪，我的冥想做得对吗？

你可能会从第一次冥想中感受到平静和轻松，也可能是最基本的放松，而其他人也许感受到一些他们自己难以表达或理解的感觉。你可能也不确定自己是否正确地按照指示去做了，比如，你难以创造出身体内放松和沉重的感觉，或不确定思考想法和观察想法的差异。无论你感觉到什么，在那一刻最好不要担心。随着你不断练习并了解冥想，事情会变得更加明晰。

Q 问题：我怎样能在冥想中不打瞌睡？

这是一个很常见的问题。首先，确保自己睡眠充足，不然你会在冥想中犯困并感到沮丧。并且，要确保在每天的最佳时间做冥想练习。

还有一点是冥想姿势。如果可以的话，你可以选择坐立冥想，保持背部挺直和没有支撑。这有助于保持头脑清醒。如果你需要躺下来冥想，可以抬起膝盖，将双脚平放在地板上。

如果你仍难以保持清醒，那么尝试缩短冥想时长，再逐渐增加。随着时间的推移，你的头脑将学会保持冷静和警觉，不再昏昏欲睡。

Q 问题：如何能使我的思绪减少焦躁不安？

似乎我们的注意力有它自己的想法，它追求自己喜欢的东西，喜欢待多久就待多久，而不管我们想让它做什么。

冥想不是和头脑抗争，不是拒绝想法或压抑任何事情，它主要训练你的意识和专注力。就让思绪顺其自然吧，但是努力让注意力专注于冥想练习。

"一开始就体验些许困难是正常的,许多困难都有简单的解决方法。"

每一次当你注意到思绪漫游时,你就强化了意识。这很好,要为此感到高兴!

这也有助于你理解注意力是如何工作的。我们的注意力总会自然而然地转向我们喜欢、憎恶或与身份相关的事物。我们不能改变这种趋势,但我们可以利用它来帮助我们。首先,确保你选择了一个你真正喜欢的冥想技巧。然后,学会享受你的冥想对象。例如,如果你选择了一种专注于呼吸的冥想技巧,试着培养一种享受的感觉——感觉每一次呼吸都是非常有趣、神秘和愉快的。

Q 问题:冥想是否会伤害我的后背、膝盖或双腿?
冥想不必是痛苦的。确保你的姿势正确且舒适,或者尝试卧姿。

Q 问题:如果我在冥想中身体发痒怎么办?
练习全身扫描和放松几分钟后,再开始主要练习,这应该会减少你身体发痒的情况。如果你仍然感到痒,试着有意识地停顿一下并放松这种知觉。如果你仍然非常需要挠痒,慢慢地挠,再回到冥想中。

Q 问题:当我观察呼吸时,它变得不平稳、不自然,这是正常的吗?
这种情况可能会发生。简单地接受,就让它这样持续一段时间。不要评判自己,不要紧张,不要惊慌。放松,让呼吸顺其自然,它会随着时间和练习而变得正常。

Q 问题:我仍会遇到很多困难,我该怎么做?
练习几次后,大多数问题都会消失。如果它们一直持续,那么尝试改变你的冥想方法或咨询冥想导师。

3
STARTING YOUR PRACTICE
开始练习

设定日常练习

为什么、何时、持续多久、在哪儿,以及怎么做

任何量的冥想都好过一点冥想都没有,但是为了从练习中获得最多益处,你最好坚持每天冥想。设定一个对你有效的冥想练习有助于使冥想成为你的日常习惯。

你越能严格遵循一些原则,就越容易适应并深化你的练习,但不要让你目前的情况成为你不练习的借口。从你现在的状态开始,做你能做的。

为什么

首先,弄清楚你要冥想的原因是有必要的。出于健康的益处?为释放压力,还是为提升业绩?为幸福?为治愈情绪?为精神成长和联结?把激励你冥想的主要因素列个清单,当你缺乏动力的时候可以作为参考。它将有助于你考虑冥想的许多好处。

你越清楚为什么要冥想,你练习的动力就会越强。它会是你日常冥想练习的燃料,并决定你能走多远。

何时

最好每天都在同一时间冥想,因为这有助于你养成习惯。许多人在早上冥想,因为这样更容易确保自己不会忘记,但你可以根据自己的日常安排来选择一个适合的时间。理想情况下,请选择一个你感到精力充沛、精神抖擞且清醒的时间,否则你将很难深入练习。在下面这些时刻练习冥想是比较有益的:

● **在清晨**,因为睡了一夜你已获得很好的休息。

● **在轻度运动结束几分钟后**,前提是你要让身体安定下来,这样你会更加清醒。

● **在你胃部变空的任何时候**(一顿大餐后至少两小时),因为消化食物会让你昏昏欲睡。

你的生物钟

每天在相同的时间冥想会帮助你的身心知道何时安定和专注。

"随着时间的推移，冥想会变成你每天的一部分。"

培养好习惯

要养成任何新习惯，在另一种习惯行为之后马上开始会很有帮助，这就是我们所知的"锚定习惯"。对于冥想，你需要先找到一些你每天都做的事情，在做这些事情的前后，你要练习冥想。

如果你想在早晨冥想， 你的锚定习惯可以是洗漱。这意味着在脑海中你将冥想与洗漱后要做的下一件事情相关联。其他锚定习惯也可以是早起喝一杯水，或者上厕所。锚定习惯可以是任何事情，只要它每天都几乎在固定时间发生。

然后你需要选择一个触发物 来提醒自己冥想。这种方法只在你还没有养成习惯的最初几周内使用。触发物可以是镜子上的便利贴，也可以是手机上的闹铃。

未完，接下页

持续多久

从简短练习开始,这样你就不会冒险过度使用你的动机,而且你也没有逃避的借口。在开始的时候,哪怕5分钟的练习就已经足够了。随着时间的推移,如果你的习惯已经建立,你很享受练习,可以逐渐增加练习的时长,比如每周增加1分钟。就普遍而言,日常冥想的最佳时长目标最好设定为20分钟。为了获得更深度的自我转变或精神益处,冥想时长也可以设定为40分钟。你可以使用计时器或者冥想App来统计训练时长。

在哪儿

你可以选择在家里或工作场所找个安静的地方,最好不要被打扰。隐私性也是至关重要的,这样你可以安稳地闭上眼睛或看向自己的内心世界。

环境也会影响我们的头脑。如果可以,请选择一个没有干扰、整洁且干净的地方。大多数人觉得找一个只用于冥想的空间并不实际,所以要确保你总可以有练习冥想的地方,哪怕只是房间的一角。

如果可以,试着每天在同一个地方冥想,这非常重要。它会帮助你建立一种强大的习惯,并创造一种联结,使你一进入这个空间就能轻松地开始练习。这个空间也会成为你让大脑冷静和放松的触发物。

你也可以把冥想带入生活中的其他领域,比如工作、通勤、散步或坐在公园里。

怎么做

这本书会教给你多种冥想技巧，请从中选择你希望尝试的。如果你已经知道自己最喜欢的技巧，那么坚持练习下去。

选择练习冥想的具体地点也很有必要，比如在地板上或椅子上，并且布置任何你可能需要的道具。将它们放在你练习冥想的地方，以便冥想时你能很容易找到。

结束和重复

每次冥想练习结束后，不管冥想的质量如何，花点时间感谢自己做了对自己有益和重要的一些事情，然后第二天尽量在相同的时间和地点重新开始冥想。

在整个冥想练习中，你都要保持对练习的好奇心、坚持不懈、不评判和耐心这样的"冥想者心态"。

> "将冥想融入日常生活有助于你在练习中进步。"

永不为零

承诺的力量

无论你多么有动力,养成任何新习惯都是很困难的。激励是你开始行动所需要的原始燃料,但它可能和你的情绪一样反复无常。一旦开始冥想,你就要承诺让冥想长期成为你生活的一部分。

正是承诺让一对已婚夫妻维系婚姻,尽管会有冲突和困难的时刻。正是承诺让筋疲力尽的父母持续努力为孩子提供最好的东西。正是承诺会让你坚持冥想,即便在你感到疲倦、忙碌或无精打采的时候。

在培养冥想习惯的过程中,这个承诺有一个名字:永不为零。它意味着你告诉自己:"我将每天冥想。不管发生什么,若没有冥想,我绝不上床睡觉。哪怕我很疲劳或超级忙碌,哪怕我在旅途中,我都要花时间坐下至少冥想5分钟。"当你对自己做出真诚承诺的那一刻,冥想开始在你的生活中扎根。这意味着你已经赢得了第一场战役——纪律的战役。

承诺的自由

永不为零的承诺会释放大量精神空间,这意味着你再也不需要决定今天是否冥想,或者考虑是否有时间冥想。如果某一天的环境特别具有挑战性,你仅有的问题是今天什么时候可以冥想,要持续多长时间。

如果你还没准备好对自己做出这项承诺,这也没问题。你仍然能够探索冥想,学习更多并尝试它。但只有当你做出这个承诺后,你才能获得冥想所能带给你的所有益处。

> "无论怎样,你要有巨大的力量每天为自己做些积极的事情。"

借口,借口……

你的头脑要非常清楚,"永不为零"意味着不接受任何例外。花一分钟想想所有可能出现的挑战,以及所有能给你一个完美的借口不去练习或者"忘记"那天练习的事情。之后,思考一个相反的积极观点。例如:

借口		积极肯定
"我有一个重要的截止日期快到了,工作是我的首要任务,我明天会补上冥想的。"		"冥想会帮助我达到最佳状态,我的时间会得到很好的利用。"
"今天我不能在老地方和相同的时间冥想,所以我今天不用冥想。"		"这是一个把冥想融入我日常生活的好机会。"
"我在度假,所以我可以中断冥想。"		"冥想令我放松和平静,它将帮助我充分利用休息时间。"
"我现在的情绪太激动了,我无法开始冥想。"		"我只是这些困难想法的见证者,冥想会帮助我处理它们。"

享受过程

终身练习的基础

你越享受冥想，就越能从练习中收获更多。如果你围绕冥想培养自己积极的态度，你就会更有可能保持动力，并投身于冥想之旅，使它成为你的长期习惯。

学会享受过程，全在于你和冥想的关系，以及你与冥想的内心对话。至关重要的一点是，要记住冥想是你留给自己的特别时间，而不是你要完成的一项任务。冥想与了解自己、成为自己的朋友和自律有关，并且它是你生活中其他一切事情的力量倍增器。

请尝试以下任何一种方法，让冥想成为你生活中有趣的一部分。

- **把冥想看作一次探索之旅。** 想一想你的练习，探索不同的方法，去见不同的导师，直到找到对你最有效的方式。
- **确保你在最佳环境中冥想**，比如创造一个鼓舞人心的冥想之地，使用舒服的垫子或椅子。
- **尽量不要对练习产生负面情绪**，比如批评自己或过度分析你的练习。要明白，你所需要做的就是展现自己，锻炼自己的意识和专注能力（见右）。
- **让冥想练习比你能达到的程度稍微少一点**，不要过度使用你的动力，因为它会帮助你保持渴望。
- **寻找一个冥想伙伴**，一个对练习充满热情的人，你们可以交流经验。
- **加入一个友好的冥想社区**，让自己受到激励并步入正轨。

深吸一口气

探索之旅

内心对话

如果你发现自己陷入了消极的自言自语,要用积极的想法来反击,如下面的例子所示。你要认识到消极的思考方式如何使你故步自封,而积极的想法如何提升你、鼓励你,并让你敞开心扉。

消极的内心对话	积极的内心对话
"我必须完成冥想,这样我才能继续我的一天。"	"太棒啦,是时候用冥想犒劳一下自己了。"
"冥想很无聊,但是我会去做,因为我知道它对我有好处。"	"我喜欢冥想后的感觉,如此滋养和清爽。"
"我必须冥想,这是必要的任务。"	"冥想是对我生命深处的探索。"
"冥想很有好处,如果我不冥想,我会感到羞愧。"	"我通过冥想体验到一种独特的平静和幸福,我还想要更多。"

正确的姿势

夯实基础

慵懒地躺在沙发上会让你感觉疲倦或昏昏欲睡,而高高地站立会让你感到自信有力。你的身体会影响你的大脑,所以找到正确的冥想姿势,对你的练习至关重要。

肢体语言是告诉神经系统你应该如何感受的有力工具,因此遵循正确的冥想姿势非常重要。这些姿势不是仪式或者文化符号的一部分,而是几个世纪以来关于特定姿势如何影响大脑这一类试验的结果。只要遵循这几页的建议,你就会为自己的冥想练习打下坚实的基础。

选择姿势

这里会介绍你可以在冥想中使用的四种姿势。你最好坐在地板的垫子上冥想(如右图),因为它是最稳定的冥想姿势,让你更容易放松,获得身心的平静。坐在垫子上练习会让你感觉更自然,但是如果你觉得这样很难,那么你可以坐在椅子上或凳子上,以保持舒适和稳定。如果坐着不太舒服,你也可以躺着冥想。

> "良好的姿势是冥想练习的基础。"

04 为了保持脖子挺直,轻轻地把你的头顶抬向天花板,就像被一根看不见的绳子拉着一样。

03 闭上眼睛和嘴巴。

02 保持脊柱和颈部挺直,不要倚靠任何东西。

01 盆骨上部稍微向前倾,这会帮助你更轻松地保持背部挺直。

缅式坐姿

缅式坐姿为右图所示的盘坐姿势。你可以坐在垫子或毯子上,也可以坐在瑜伽垫上,只要你的臀部位置比膝盖位置高。随着时间的推移,你的臀部会变得更灵活,坐起来更容易。

05 用舌头抵住上颚，这样你就不会流口水。

06 你的膝盖应该得到支撑。如果它们没接触地面，你可以在每个膝盖下方放一个枕头或毯子。

07 保持放松，享受此刻的庄严和稳定。

姿势的原则

无论你选择哪一种姿势，当你冥想的时候，确保你能感觉到以下四点：

稳定。一个稳定的姿势会让你感觉踏实和安全。

挺直。坐直或躺直都能阻止你的思绪进入梦乡。

舒适。确保你感到舒适，以便能让自己长时间静静地坐着或躺着，并减少其他干扰。

放松。放松所有不用于保持姿势的肌肉，尤其是肩膀、手臂和脸部的肌肉。

未完，接下页 ▶

可选择的姿势

如果你发现盘腿而坐很不舒服,你可以坐在椅子上、凳子上,或者躺下冥想。无论你选择哪一种,都要确保你保持正确的姿势。然后闭上眼睛和嘴,将舌头抵住上颚,保持放松。

稍微向前倾斜,以使你的脊柱挺直。

选择一个高矮合适的凳子,这样你会感到平衡和稳定。

在凳子上冥想

以跪坐的姿势冥想,通常要用凳子或长椅。或者,你可以把坐垫卷起来放在两腿之间。

> "如果你躺下冥想,请保持强烈的清醒,别睡着。"

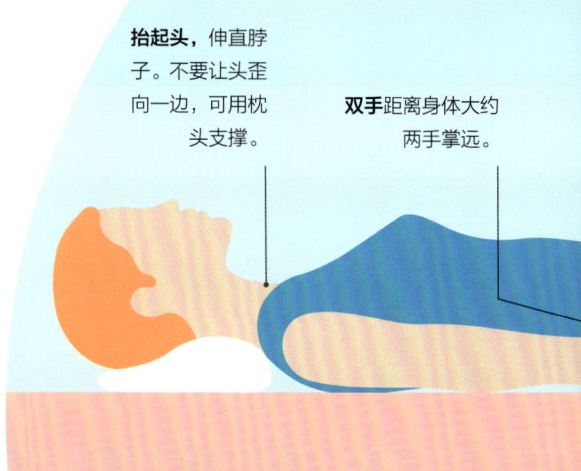

抬起头,伸直脖子。不要让头歪向一边,可用枕头支撑。

双手距离身体大约两手掌远。

平躺着冥想

如果坐着不舒服,那就躺下冥想。但这会使人容易睡着,所以你可以试着把脚放在地板上。如果你迷迷糊糊地睡着了,你的脚就会向外耷拉,把你弄醒。

坐在椅子上冥想

如果坐在坐垫上或者凳子上冥想对你无效,你可以试着坐在椅子上冥想。确保选择一把稳定的椅子,让你能够坐直,双脚完全接触地面。即使你的椅子有靠背支撑,也最好不要向后靠。

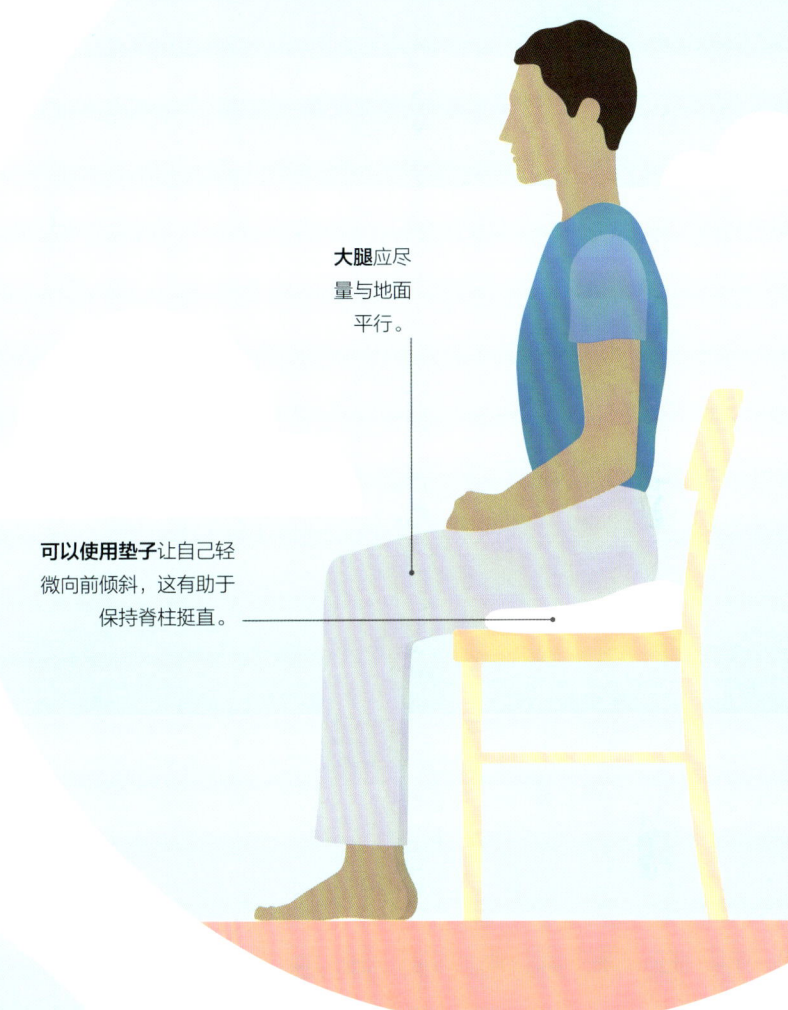

大腿应尽量与地面平行。

可以使用垫子让自己轻微向前倾斜,这有助于保持脊柱挺直。

3. 开始练习

"无论何时何地,你都可以用坐在椅子上的姿势冥想。"

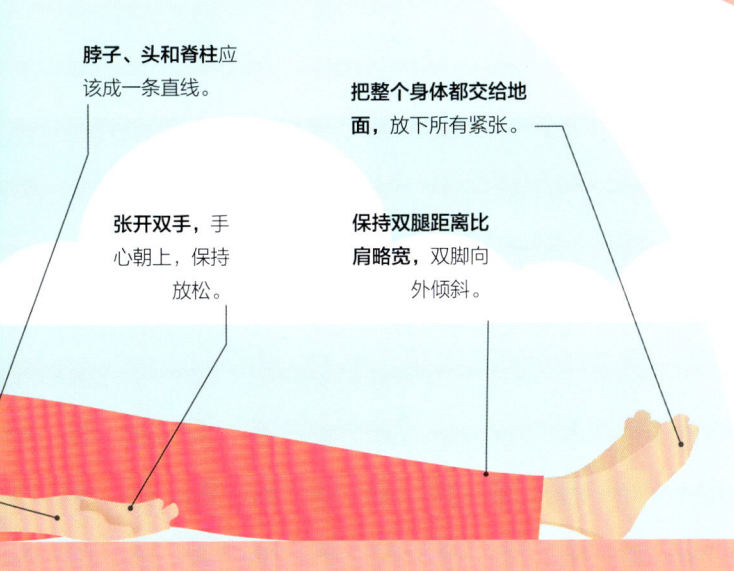

脖子、头和脊柱应该成一条直线。

把整个身体都交给地面,放下所有紧张。

张开双手,手心朝上,保持放松。

保持双腿距离比肩略宽,双脚向外倾斜。

呼吸新鲜空气

腹式呼吸

你身体里的每一个细胞都需要不断地摄入氧气,呼吸方式对健康的影响可能比你想象的还重要。腹式呼吸能帮助你在冥想中放松,在日常生活中保持平静和沉着。

胸腔呼吸只能填满肺的中间区域,会引起肩膀和脖子紧张,更会激活人体内逃跑或应战的模式,增加压力激素皮质醇的水平。

当你采用腹式呼吸时,氧气到达肺的底部,这是血管最为集中的地方,你的身体付出较少努力就能获得更多氧气,因此有助于改善情绪,保存体力。它同时对你的身体和精神有镇静的效果,使你在冥想时达到更放松的状态。

如何呼吸

要弄明白你默认的呼吸模式,请躺下,左手放在腹部,右手放在胸部,正常呼吸。如果左手移动,你在用腹部呼吸;如果右手移动,你在用胸腔呼吸。

如果你长期用胸腔呼吸,右图所示的练习会帮助你改变这种默认的呼吸模式。一开始你可能会感觉不自然,但是经过一周的日常练习后,你应该会感觉容易得多。

02 花一分钟观察呼吸的自然流动,观察它如何移动你的身体和双手。不要试图改变你的呼吸。

01 舒适地躺下。左手放在腹部,右手放在胸部。

> **腹式呼吸**
>
> 连续三周,每天早晚做上述运动。每天观察你的呼吸,并适当地做有意识的转变。

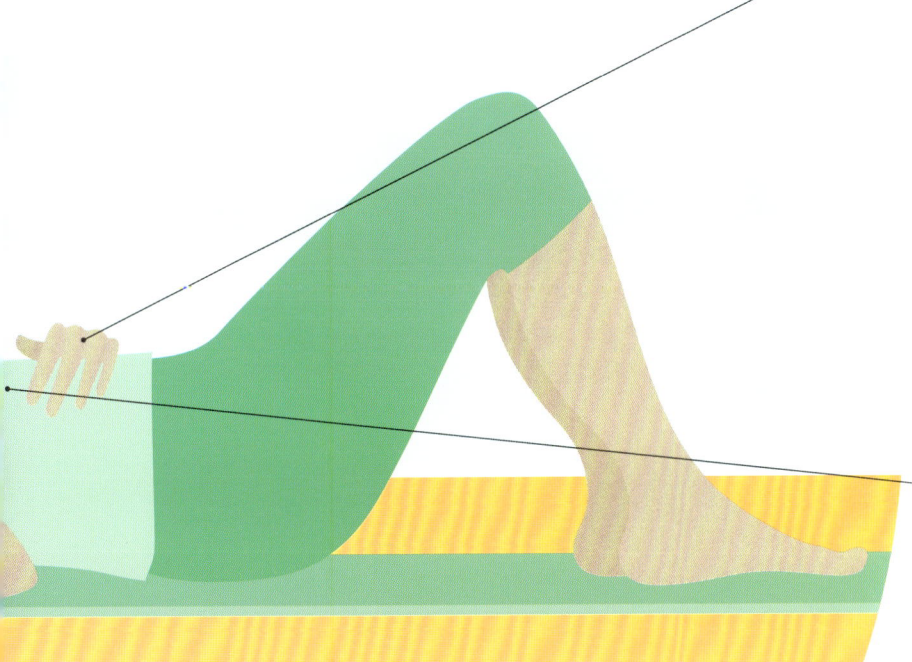

03 将注意力集中在左手和腹部,继续正常呼吸并保持注意力集中,坚持一分钟。

04 伴随着吸气,让胸腔隔膜向下扩张,让腹部向前并稍微向外移动。伴随着呼气,放松胸腔隔膜,让腹部向后移动。练习20次。在这个过程中,右手应保持不动。

05 移开双手,花一分钟观察呼吸如何使你的腹部移动。

06 当你做好准备就结束练习。观察你现在的感觉,注意这和以前的感觉有什么不同。

"接下来,你的呼吸方式将使你更加健康、镇静和清爽。"

手势

使用手势

现在你已经学会坐的艺术,但是你的手要用来做什么呢?一些冥想者把手部姿势称为 mudra,在梵语中意为"标志"或"象征"。

冥想有数百种不同的手势,每一种都有特定的用途。瑜伽练习者认为这些手势对大脑有微妙的影响,尽管据说只有那些具有敏锐意识的长期练习者才能注意到。

这里介绍五种最为常见的用于冥想的手势。就像其他任何事情一样,你最好先尝试一下,看你对每一种手势的感觉。如果你愿意,也可以简单地将手放在大腿或膝盖上。

意识手势(Chin mudra)

与智慧手势相同,但掌心朝上。

> "手势能帮助你集中注意力。"

智慧手势(Jnana mudra)

这个手势能帮助你让头脑清醒。让你的食指指尖轻触大拇指指尖,其他手指平伸,双手掌心向下放于膝盖。

冥想手势（Dhyana mudra）

这是首选的佛教冥想手势，可以提高愈合与专注的能力。让左手放在膝盖上，掌心朝上，右手放在左手上，平伸大拇指，指尖相触。

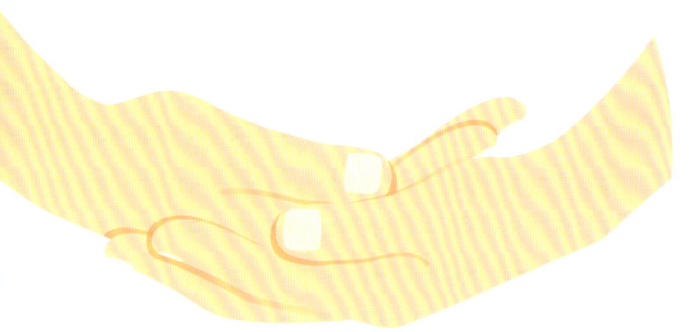

力量手势（Bhairava mudra）

此手势能激发内在力量的和谐。它和冥想手势（见右上）有相似之处，但是大拇指平放。

子宫手势（Yoni mudra）

将中指、无名指和小指交叉在一起，指面相触，大拇指相对并合在一起，食指向下，指尖相触。该手势有助于保持冷静和平衡。

专注的艺术

平衡努力和放松

我们会在日常生活中运用某种程度的专注力,但很少去练习冥想所需的专注强度。深度专注的状态需要两件事的平衡:努力和放松。

在冥想中,过多努力会使你紧张和不安,但过多放松会使你昏昏欲睡和懒散。深度专注介于两者之间:适当的努力和适当的放松,保持合适的平衡。

为培养适当的放松,你需要释放身体和大脑里的紧张,有意识地保持"开放"和"浸入",但是仍然时刻保持警醒。

为培养适当的努力,你需要创造一种内在的紧张感,但同时也要有连续性、稳定性和温柔性。它能让冥想变得更加重要,并激发和保持你对冥想的兴趣。想象某种紧张感的表征将帮助你引导这种感觉(见对页)。

"获得正确的平衡将有助于你进入心流状态。"

紧张感的表征

这些视觉想法的目的是给大脑一种强烈的不动摇的存在感,你可以在冥想中运用它们。当你这么做时,就会进入心流状态。这意味着你暂时忘记了自我、自己的姿势和环境,与专注的目标融为一体。

冥想就像……

- **一个人在铁索上**小心翼翼地行走,并保持完美的平衡。
- **一位艺术家**在火柴棍上**雕刻人物**,时刻保持头脑、眼睛和手的完美平衡。
- 在一个安静的房间里,**烛火**稳定地**燃烧着**。
- **一只猫耐心而安静地等**在洞外,随时准备扑向老鼠。
- **父母高兴地拥抱**多年未见的孩子。
- **你的头脑由铁屑组成**,你的冥想目标是强大的磁铁。
- **你无处可去**,除了你的冥想目标。
- **你的思绪**就像一支飞向靶心的**箭**。
- **你**在大脑周围**设置了一道屏障**,这样你就只能专注于一件事,比如呼吸。
- **你的头发着火了**,你的冥想目标是水。

焦虑和冥想

当放松使你不安

冥想可以帮助你控制焦虑，但如果放松本身就是焦虑的来源呢？如果你经历过由放松引起的焦虑，下面几个步骤将帮助你解决它。

首先要准确理解放松是如何引发焦虑的。它通常是一个令人烦恼的想法，或者是一种压抑的情绪，在冥想中浮现。无论它是什么，都要充分而清晰地认识它。

调整你的态度

一旦清楚地知道是什么导致你的焦虑，你就可以有意识地改变对放松的态度。

下一次冥想时，检查你的身体、呼吸和头脑，找到焦虑存在于你身体的哪一部分：是大腿上的紧张感吗？是围绕胸腔的震颤吗？还是头脑中的压力？确定与焦虑相伴的精准感觉，每次呼气时都有意识地放松这些感觉。

仔细检查你的呼吸模式，看它是如何与你的焦虑联系在一起的。确保你的呼吸是深长又缓慢的腹式呼吸。

如果你还在与焦虑的想法斗争，你可以试着用积极确认的方式来对抗它们。如果没有帮助的话，那就要知道放松和静止一开始可能会让人不舒服。你要接受不舒服的感觉、任何油然而生的紧张感，以及焦虑的思维模式。你要像一个无关的目击者一样观察它们并尝试：

- **让这些感觉**和想法存在，让它们来去自如。不管它们是什么，尽量不要被它们打扰，仅仅观察它们。
- **避免**围绕这些想法和感受**编造**故事。没有必要恐慌，只要继续观察、呼吸，然后放手。这些想法不会伤害你。

尝试其他方法

最后，如果你仍感到焦虑，试着缩短冥想时长，或试试更加动态的技巧，如经行、瑜伽体式、太极或蜂鸣调息的方法。

> "如果放松让你感到不安，那么要知道并非只有你这样，或许会有所帮助。"

重塑你的思维

放松引发的焦虑常常来自下面所示的恼人想法。如果身体和呼吸都平静之后,你仍被焦虑的想法困扰,尝试积极确认与原想法完全相反的想法。

不安的想法

"我在浪费时间。"

"我的身体太安静,我的呼吸太深沉,这真可怕!"

"我所拥有的这些奇怪的感觉是什么?这正常吗?我做得对吗?"

积极确认

 "我很好地利用了冥想时间。"

 "我在平静中很放松。这种感觉平静、愉快、滋养,令我安心。"

 "不管发生什么事都没关系,我很安全,我是所有感觉的见证者。"

4
THE MANY TYPES OF MEDITATION

多种方式的冥想

自己的路

找到对你有用的冥想

在这一章中你将学到许多不同的冥想技巧。尽管似乎很难选择先尝试哪一种，但是花点时间反思和探索会是绝佳的第一步。

这章所介绍的冥想技巧都是主流传统中最受欢迎的，也都可以通过简单的方式来练习。这些冥想技巧按照最频繁使用的感觉通道来分组，首先是那些同时使用全部感觉通道的冥想技巧，其次是使用身体知觉、呼吸、视觉、听觉、头脑和心跳的冥想技巧。这些不同的冥想技巧随着时间的推移而发展，以适应我们各种不同的需求、个性和目标，这些都会随着我们的一生而改变。尽管许多冥想技巧有相似的好处，比如减小压力和焦虑，但是每一种冥想技巧都有独特的品质，带来独特的感觉和结果，所以选择一种对你有效的技巧至关重要。

团体练习

你可以在家里练习本章节中所有的冥想技巧，但是有些人发现与导师或其他练习者一起冥想也很有益。

选择一种技巧

选择什么技巧只能通过自我试验。每个人都是不同的个体，没有一种技巧对每一个人都是最佳

三大关键技能

意识、放松和专注，这些技能在本质上以一种或另一种形式存在于所有冥想技巧中。然而，每一种冥想技巧都倾向于着重发展其中一种技能，这是你在选择冥想技巧时需要考虑的。

本章中每种冥想技巧的"关键"框表明其着重发展的技能，这有助于你理解不同技巧的差异。不过要记住，有些技巧可以归入不止一个类别。

> "你的体验和效果取决于你选择的冥想技巧。"

的。根据你的个性、需求和目标,下面的步骤将帮助你找到最适合自己的技巧。

从找出你最想从冥想中得到什么开始:你最想要的是什么?缓解压力?与你的内在自我保持联系?提高记忆力和注意力?你更注重身体、头脑,还是心灵?在冥想练习中,你最看重的经历或感受是什么?平静?镇定?爱和联结?静止?觉悟和洞察?归属感?你最想培养的技能是什么?意识、放松,还是专注?

通读本章的冥想技巧,尝试任何你感兴趣的方法,每种方法都练习3~4天,并记录体验结果。

缩小范围到2~4种你想进一步探索的技巧。每一种技巧都练习两周至一个月。

学习更多关于这些技巧的知识。如果可以,尽量多和其他练习或教授这些技巧的人交谈。

最后,选择一种核心技巧作为你日常的练习。你仍然可以不时地练习其他技巧,但长期专注于使用一种技巧将会给你带来更大的进步。

正念冥想

当下意识

正念冥想训练不评判的意识能力，这意味着你看到事情而不会产生不必要的反应。这是一种很受欢迎的坐式冥想，包含着不同的正念元素。

为什么选择这项练习

正念是西方最流行的冥想练习之一。这是一种简单的冥想方法，可以让你更加脚踏实地地活在当下，并培养你对身体和大脑工作的不评判意识。

假设正在下雨，而你忘记带雨伞了。你感到自己紧张起来，变得烦躁不安。有了正念，你就只是简单地注意到下雨了，意识到自己在紧张，大脑里盘旋着抱怨的想法。你不会盲目地跟随这些想法，也不会对它们做出层层的解释。这种接纳的、自然的不评判意识就是正念。

关键

- **本质**：每时每刻对身体和头脑中出现的任何东西不做评判，并让这种意识随着呼吸而锚定。
- **感觉通道**：多通道，呼吸。
- **技能**：意识。
- **传统**：佛教、世俗。
- **相似练习**：微冥想3、内观、内心静默、做标记和坐禅。

01 保持稳定舒适的冥想坐姿。可以睁开眼睛，也可以闭上眼睛。用鼻子深呼吸三次，每次呼气时放松身体。

02 专注于呼吸，并停留在此。即使当你留意到其他事情的时候，比如周围的声音、身体知觉，以及任何浮现的想法，你也要将部分注意力集中在呼吸上。

08 当你准备好时，轻轻地移动身体，结束练习。

07 最后，留意你的思绪。你的大脑会持续产生想法，你能觉察到这些想法来来去去，但不要抓住其中任何一个。持续注意一切事情，但不要专注于任何一件。

06 然后，留意你的身体感觉，比如感到疼痛或者感到舒服，感到热或者感到冷，感到紧张或者感到放松。

05 首先，留意周围环境。当声音进入耳朵时，你只需关注它们应有的状态。如果这些声音让你产生任何反应，也要接受它们。

04 你可以继续观察呼吸，或打开意识，留意周围环境、你的身体感觉和思绪，但把呼吸作为锚定。你要对任何浮现的东西都保持不评判的意识。

03 观察空气进出鼻孔的感觉，或者呼吸如何使胸部或腹部移动。你也可以在每次呼气时数数，例如从10数到1，这会帮助你保持活在当下的心态。

> "无论何时，只要你意识到大脑已经走神，只需注意到它，然后轻轻地把意识带回到呼吸上。"

4. 多种方式的冥想

坐禅

此时此地，打坐

坐禅包含专注于呼吸、沉思和打坐。打坐没有任何目标，只追求一种开放的当下意识。

为什么选择这种练习

坐禅强调将身体姿势作为框架，保持头脑的当下、开放与觉察状态。这里将介绍其中的打坐，它有助于培养你对思想和生活的全景意识。

关键
- **本质：** 对当下的全景意识，让思绪自由驰骋。
- **感觉通道：** 多通道，呼吸。
- **技能：** 意识，专注。
- **传统：** 佛教，特别是禅宗。
- **相似练习：** 正念、内观。

01 坐直，使背部和脖子挺直，没有支撑，面向墙。保持冥想手势，两耳与肩膀平齐，鼻子与肚脐对齐。

02 舌头抵住上颚，闭上嘴巴。眼睛保持半开，目光凝视面前的地板或墙壁。

03 以不思考的态度释放所有想法，让一切顺其自然。在当下放松，保持对意识中出现的一切事物的全景意识，而不要放大任何事物，即放下身心。

05 不做分析，坐下来面对现实。当想法浮现时，让它们像天空中的云朵一样飘过。

06 保持警醒，不要睡着，也不要胡思乱想。简单地把你的注意力拉回到当下的姿势和对此时此地的全景意识上。

04 让你的意识遍布身体、头脑和周围环境。注意每一件事情，但不要紧紧抓住或回避它们。

07 不要有任何目标，也不要想着从练习中获得任何东西。放下所有的期望和欲望，对现实保持开放和当下的心态，让一切如其本来面目。

08 当你准备好时，弯下身体，双手合十，对这次练习表示感恩，慢慢地结束练习。

"不纠结于你的想法，也不压制它们，只是自然地、不带评判地注意它们。"

内观

洞察无常

内观的意思是"清晰地看见"或"洞察"。专注是内观的基础，而不是目标。内观的目标是洞察、意识和放下。

为什么选择这项练习

内观旨在培养对精神、身体和感觉的本质的洞察，以及唤醒对事物的现实本质的理解。

和所有冥想练习一样，这项练习也有多种变化形式。这里展示的练习方法是最接近内观冥想的，它包括对想法的正念和伴随呼吸意识的感受，它强调在万物中看到存在的三个标志：无常、痛苦和无我。

关键

- **本质**：寻求对心灵本质和所有现象的洞察，理解无常，放手。
- **感觉通道**：多通道，呼吸。
- **技能**：意识。
- **传统**：佛教。
- **相似练习**：正念、坐禅、内心静默、做标记。

01 以冥想的姿势坐着，闭上眼睛。用鼻子做三次深呼吸，随着每一次呼气，放松身体。

02 注意呼吸的感觉，尤其是腹部和胸腔的起伏，专注观察呼吸的每一个动作。一段时间后，将注意力转移到呼吸穿过鼻孔的感觉。如果你察觉到自己迷失了对呼吸的意识，注意这一事实，轻轻地把它带回来。

03 扫描你全身的感觉,比如热或者冷,紧张或者放松,轻或者重。让你的注意力每每停留一会儿,观察它是如何无常和不断波动的,看看它能否感受到愉快的、不愉快的或中性的感受,但不要回应它,仅仅简单地观察它的本来面目。深入每一种感觉,试着找到它的本质。

04 把你的注意力转移到头脑中,观察其中浮现的现象,如思绪、感觉、记忆、欲望和精神状态。观察它们如何浮现又消散,但避免与它们接触或排斥它们。

"你觉察到你的想法,但不要思考它们。"

05 你会注意到这些想法多么无常,多么飘忽不定,多么瞬息万变。当你试图抓住它们的时候,它们就消失了。要试着放大这些想法,试着找到它们的本质。以相同的方式观察并研究你的头脑的一般状态:是活跃的还是昏沉的?是心烦意乱的还是沉着冷静的?是明亮的还是灰暗的?

06 当你准备好时,缓慢地移动手指,睁开双眼并结束练习。

蜂鸣调息

寂静之声

调息是瑜伽传统中的一种呼吸练习，可以当作冥想的准备，也可以成为练习本身。蜂鸣调息法是一种让大脑平静下来、让你的意识转向内心的技巧。

为什么选择这项练习

练习调息有很多健康的益处，如有助于减轻压力和焦虑，释放愤怒或沮丧。在蜂鸣调息法中，当呼吸结束后，尝试"倾听"身体和意识中细微的声音。"嗡嗡"的振动之声会安抚大脑和神经系统，有利于提高注意力，并给人一种神清气爽的感觉。但如果你患有耳鸣或耳道感染，就不要进行这种调息练习。

01 保持舒适的冥想姿势，闭上眼睛。

02 用鼻子深呼吸三次。随着每一次呼气，你的身体变得更加放松和平静。闭上嘴巴，分开上下牙齿。

> **关键**
> - **本质**：让身心平静的有节奏的呼吸练习。
> - **感觉通道**：呼吸。
> - **技能**：放松、意识。
> - **传统**：瑜伽。
> - **相似练习**：鼻孔交替呼吸。

04 用鼻子慢慢吸气，然后慢慢呼气，发出连续、平稳的"嗡嗡"声，感受头部和胸部的震动。练习7轮，然后再做3轮不发声的练习，同时在脑海中想象"嗡嗡"的声音。

05 放松手臂并把手搭在膝盖上。紧闭眼睛，然后保持这种状态。不再重复你脑海中想象的"声音"。现在，试着听身体或大脑内部的"声音"。

03 用大拇指或食指堵住你的耳朵，并使肘部抬起。

06 你可能会听到"嗡嗡"的声音、白噪声、心跳声，或者什么都没听到，这都不重要。如果你确实听到了一些细微的声音，那就把注意力集中在它们上面。如果没有，就继续听，不要期待，要有无限的耐心。

07 留意你的身体，感受身体与地面、凳子或椅子的接触。将注意力放在呼吸上，顺其自然。当你准备好时，慢慢移动身体，睁开眼睛，结束冥想。

"如果没有听到任何声音也没有关系，关键是要培养接受的能力。"

4. 多种方式的冥想

经行

行走禅

经行，又称"行走禅"，是一种动态冥想的形式，注意力集中在呼吸上，与步伐保持一致，只有一小部分意识用于关注周围环境。

> **关键**
> - **本质：** 专注于呼吸的步行冥想。
> - **感觉通道：** 呼吸、身体和知觉。
> - **技能：** 专注。
> - **传统：** 佛教，尤其是禅宗。
> - **相似练习：** 坐禅、正念、太极。

为什么选择这项练习

经行特别适合于那些难以保持静坐的人。它在禅修中也非常受欢迎，因为它便于在打坐的空档让你的双腿休息。

某些经行步伐非常缓慢（一个完整的呼吸伴随着半个步伐），而某些经行步伐要快得多（一个完整的呼吸伴随着几个步伐）。这里展示的是较慢的练习，但你可以尝试不同的速度和节奏，看看它们如何影响你的头脑。

04 想象你的头顶被一根线轻轻地向上拉着，这将有助于你挺直脖子。

03 双掌呈合抱手势（见对页）。

02 保持直立，放松身体。

01 站直，双脚与臀部同宽，重心分布在两脚中间。

"在整个练习过程中，身体保持协调、稳定、直立的状态。"

05 凝视你面前一二米处的地方，但不要特别注意任何东西。放松脸部、肩膀和臀部的肌肉。

06 每次呼气时，向前迈半步，从右脚开始（见下图）。专注于你的呼吸和脚步。

07 就像坐着冥想一样，让思绪自由来去，只要把注意力放到呼吸上即可。当你准备好时，慢慢鞠躬，向练习致意，睁开双眼，结束练习。

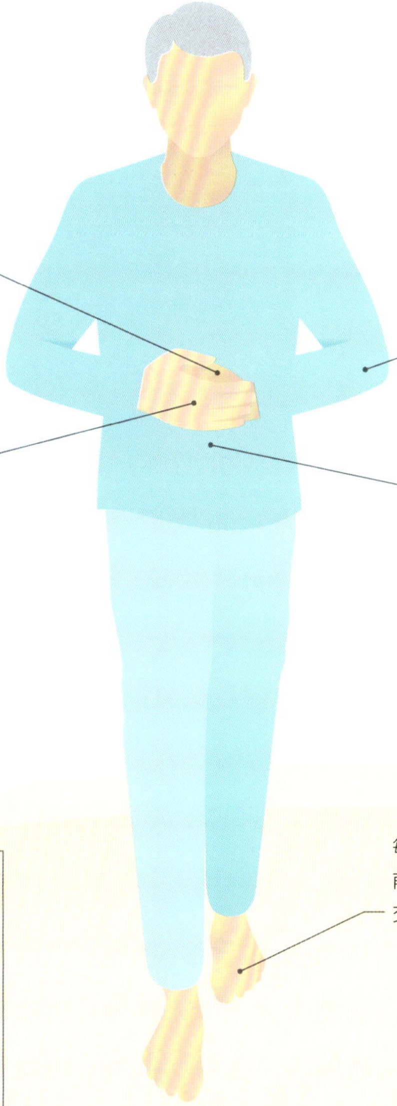

左手握住大拇指，呈拳头状。

肘部离开身体，与地面平行。

右手包裹住左手，右手大拇指靠近左手大拇指的根部。

双手放置于与肚脐齐平的位置，或者与胸腔中部齐平。

每次向前迈半步，使前脚脚跟和后脚脚趾交替前行。

姿势原则

使用合抱手势并确保身体稳定、笔直、放松和舒适。

4. 多种方式的冥想

瑜伽休息术

身体扫描和深度放松

作为一项冥想练习,瑜伽休息术通过身体扫描和头脑想象,让你达到深度放松的状态。如果跟随一段引导音乐可能会更有帮助。

为什么选择这项练习

瑜伽休息术的目标是释放所有紧张(无论肌肉的、情绪的,还是精神的紧张),发展对潜意识的觉知,并准备好进入深度冥想的状态。它也有助于在你的潜意识深处建立一种决心,以帮助你实现个人转变。在开始之前,设定你的决心——一个简短、清晰、肯定的句子,表达你对生活的承诺。你最好一直使用同一个句子,直到改变出现。

01 躺下,背部和颈部伸直,双脚与臀部同宽,双臂伸展,手掌朝上。你可以在脖子下面放一个薄垫子,身上盖一条毯子。然后闭上眼睛,注意不要睡着,并保持你的身体始终不动。

02 花几分钟时间注意你周围的声音,在每个声音上保持几秒钟,不要评判它,然后继续留意下一个声音。

关键
- **本质:** 一种平躺冥想,包括身体扫描、设定决心和头脑想象。
- **感觉通道:** 身体和知觉。
- **技能:** 放松,意识。
- **传统:** 瑜伽。
- **相似练习:** 正念、微冥想1。

"你的决心会深入潜意识,因此要慎重选择。"

03 注意身体和地面的接触，比如脚后跟、腿部、臀部、背部、手臂和头部。

04 在脑海中重复你的决心三次。慢慢地说，带着充分的信念和意图，让它深入内心。

05 将你的觉知一个一个地通过身体的每一部位，在你的脑海中说出它的名字并感受2~3秒钟。比如，从右脚脚趾开始，然后穿过脚底、脚跟、脚踝、小腿、膝盖、大腿和臀部。然后对左脚和左腿重复上述动作。

06 继续这个过程，向上移至你的腹部、胸部、背部、手掌和手臂，然后移至颈部、头部和面部。接下来，注意身体中较大的部位，比如腿和脚、整个躯干、手臂和双手。最后，将你的觉知移到全身。

07 留意你的呼吸。顺其自然，从20数到1。然后，带着意图和信念，把决心说三遍。

08 当你准备好时，再一次留意身体和地面的接触。留意你的呼吸是如何带动身体运动的。

09 注意外部声音。记住你所处的位置和周围的环境。一个接着一个慢慢地移动手指、脚趾和其他部位，然后睁开眼睛，慢慢起身。

瑜伽体式

保持静止,从一个姿势到另一个姿势

许多人认为瑜伽就是有关拉伸和舒展姿势或体式的,但是体式本身可以是一种动态的冥想形式。瑜伽体式适合短时间的冥想,且有助于为坐式冥想练习做准备。

为什么选择这项练习

瑜伽体式对那些工作与身体联系紧密、天性活泼及很难坐着不动的人而言,是一种很好的冥想方式。你要从更容易做到的体式开始,比如这里介绍的体式,它能帮助你放松和集中注意力,并锻炼冥想的关键元素——专注、觉察和放松。

瑜伽体式就像冥想一样,你需要将你的注意力完全集中在身体和呼吸上,慢慢地、用心地做每个体式。在最终的体式中,你要深度放松并保持静止,不带任何刚度和张力。如果你做1~2个体式,可以各保持数分钟;如果你练习更多体式,可以各保持至少60秒。如果你有健康顾虑,要首先去咨询医生。

> **关键**
> - **本质:** 在不同体式中学会深度放松并沉静下来。
> - **感觉通道:** 身体、知觉和呼吸。
> - **技能:** 放松、意识。
> - **传统:** 瑜伽。
> - **相似练习:** 太极、经行。

01 站直,将目光集中在你眼前的一点。这有助于保持平衡和集中注意力。

03 双手合十放于胸前。如果觉得太简单,可将双手举过头顶。

04 保持最终姿势并放松,集中注意力。你可以专注于眼睛凝视的那一点、意识和呼吸,或者眉心。

02 弯曲一条腿,将脚底靠在另一条腿的小腿上。为提高难度,也可以将其靠在另一条腿的大腿内侧。

树式

此体式有助于你保持专注,如果你觉得此体式太过简单,你可以调整姿势使它更难(见上)。为达到平衡,你还需要放松,保持全身意识和平静,所有这些都有助于你的冥想。

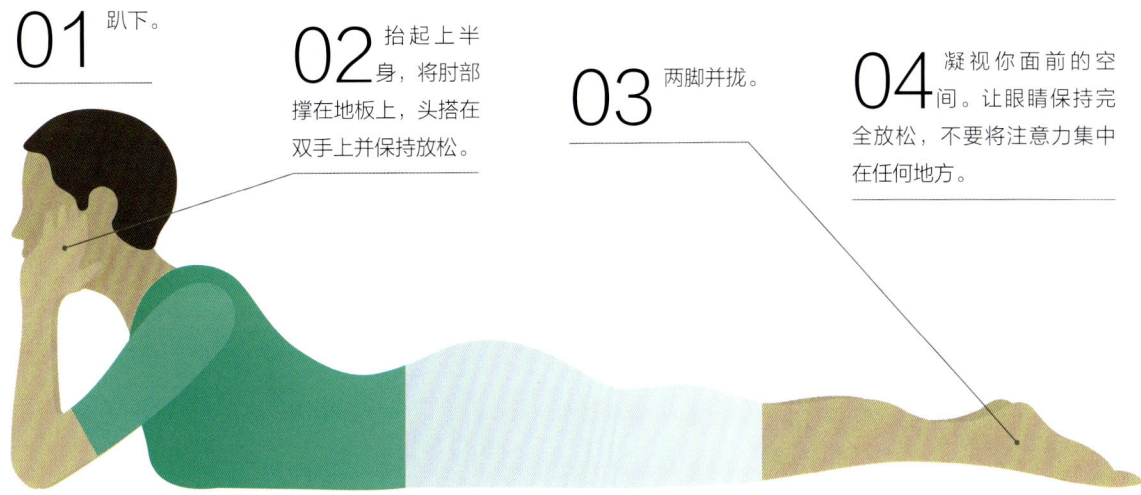

01 趴下。

02 抬起上半身，将肘部撑在地板上，头搭在双手上并保持放松。

03 两脚并拢。

04 凝视你面前的空间。让眼睛保持完全放松，不要将注意力集中在任何地方。

鳄鱼式

在这个体式中发展你的意识，专注于"存在"。放松时，把注意力集中在身体上，感受肌肉的伸展和放松。

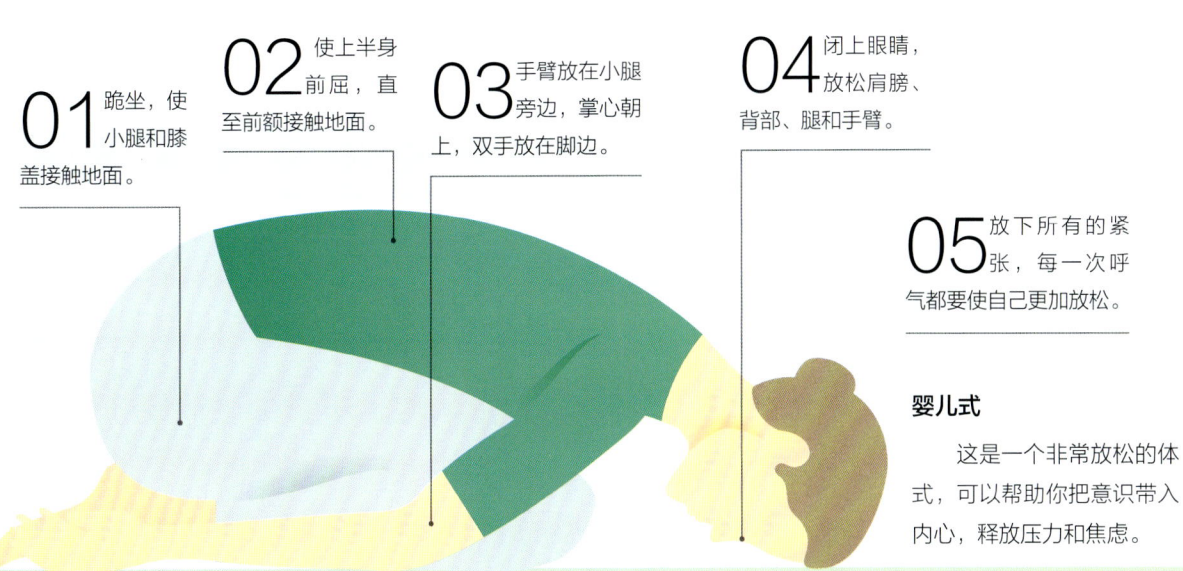

01 跪坐，使小腿和膝盖接触地面。

02 使上半身前屈，直至前额接触地面。

03 手臂放在小腿旁边，掌心朝上，双手放在脚边。

04 闭上眼睛，放松肩膀、背部、腿和手臂。

05 放下所有的紧张，每一次呼气都要使自己更加放松。

婴儿式

这是一个非常放松的体式，可以帮助你把意识带入内心，释放压力和焦虑。

太极

站似一棵树

太极（太极拳）源自道教，有助于保持健康和身心和谐。

为什么选择这项练习

太极拳缓慢而集中的动作被认为可缓解压力，使大脑清醒，并帮助你在运动中体验一种平静和流动的感觉，也会帮助你提高身体的灵活度和平衡感。

这项练习有助于你专注当下和呼吸，你会感到身体和头脑中充满活力，拥有平静、清爽和巨大的内在力量。

03 保持脊柱和颈部挺直。想象你的头顶被一根看不见的绳子轻轻地拉向天花板。

02 稍微蹲下，弯曲膝盖不超过脚趾前端。

01 站直，双脚分开，与臀部同宽，双臂平行指向前方。伸展你的脚趾，如同你在用它们抓地。

关键

- **本质：** 保持静止和平衡的姿势，使思绪静止和平衡。
- **感觉通道：** 身体，知觉，呼吸。
- **技能：** 放松。
- **传统：** 道教。
- **相似练习：** 瑜伽体式，经行。

"身体和头脑都是柔软而稳定、放松又警觉的。"

04 可以睁开眼睛，也可以闭上眼睛，但半睁半闭、放松地凝视前方是最好的。

05 闭上嘴，分开牙齿，用鼻子呼吸。

06 手臂尽量举至与肩同高，呈抱球状，指尖相对。

07 姿势应该是协调、放松和稳定的。扫描全身僵硬、不稳定或不协调的地方，并修正姿势，然后像一棵树那样一动不动。放松地保持姿势，释放所有紧张，无论身体上的、精神上的，还是情绪上的。

08 感受身体的重量通过双腿抵达地面。

09 专注于你的全身。扫描身体，确保所有的姿势正确。

10 随着时间的推移，你的注意力会停留在身体上，并在当下放松。当你的注意力专注在身体上，而身体静止和平衡时，思绪也会变得静止和平衡。

道教内观

探索身体内部

道教内观发展于公元七八世纪左右。这是一个精细的练习,包括想象和对身体内部的感受。这里展示的练习是一个简化改良版。

为什么选择这项练习

道教内观会帮助你以更深刻的方式和自己的身体关联。你要以开放的心态对待它。

关键
- **本质:** 想象和感觉你的身体内部。
- **感觉通道:** 身体、知觉和视觉。
- **技能:** 意识。
- **传统:** 道教。
- **相似练习:** 想象、瑜伽休息术、昆达里尼。

02 花一分钟把注意力集中在身体上。让你的思绪也安定下来。然后,开始感受你身体的内部。

01 以舒适的姿势静坐。闭上眼睛,用鼻子深呼吸三次。每次呼气时,让你的身体变得放松和平静。

"对每一个步骤不要想太多,以开放的心态对待它。"

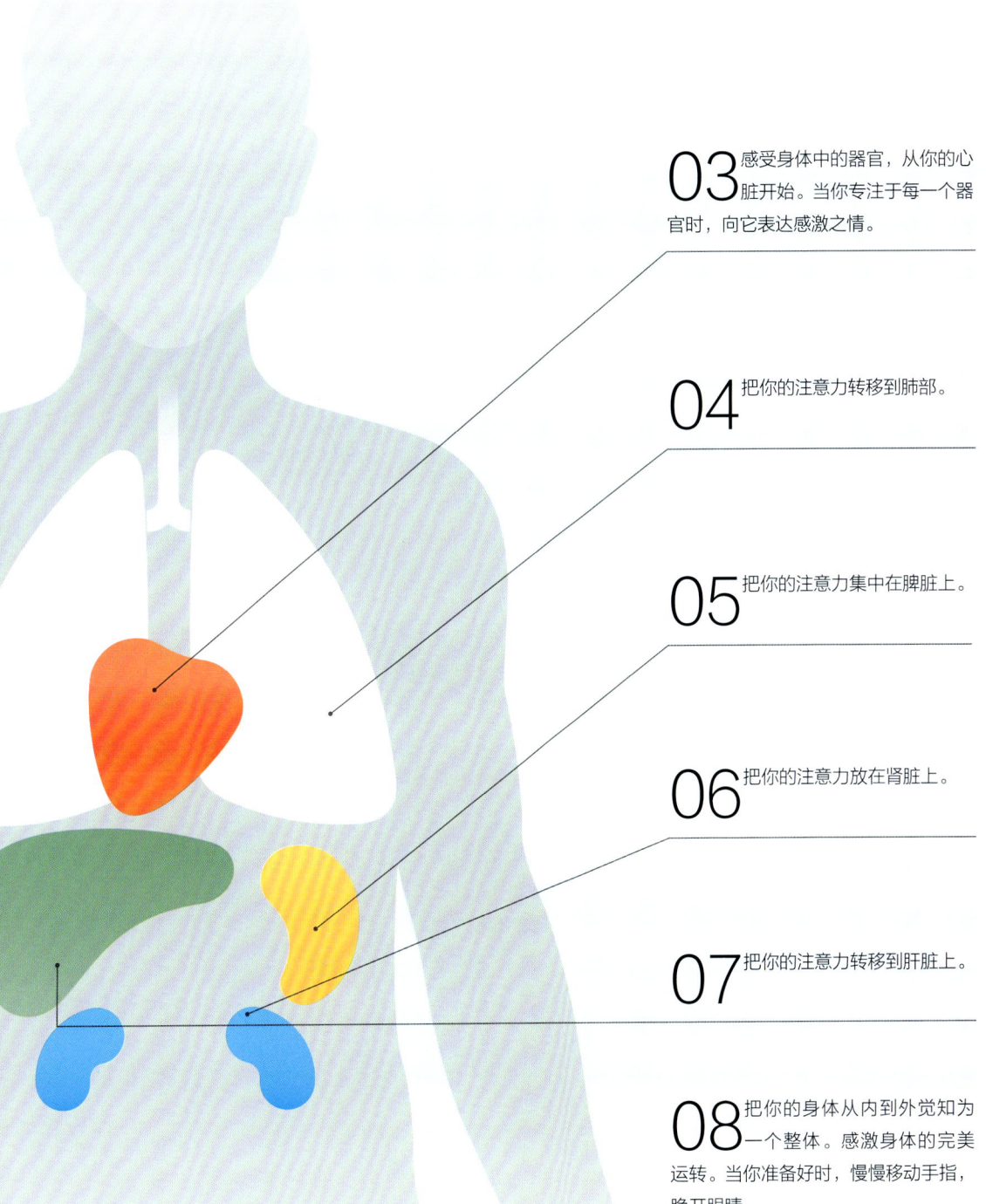

03 感受身体中的器官，从你的心脏开始。当你专注于每一个器官时，向它表达感激之情。

04 把你的注意力转移到肺部。

05 把你的注意力集中在脾脏上。

06 把你的注意力放在肾脏上。

07 把你的注意力转移到肝脏上。

08 把你的身体从内到外觉知为一个整体。感激身体的完美运转。当你准备好时，慢慢移动手指，睁开眼睛。

昆达里尼

净化内心

这是一种能够帮助你净化内心的冥想练习方式。

为什么选择这项练习

昆达里尼的意思是"盘绕",它的象征是一条盘绕的蛇。这项练习的目标是净化你的内心。

关键
- **本质:** 意识,视觉想象。
- **感觉通道:** 身体和知觉,视觉,声音。
- **技能:** 专注。
- **传统:** 瑜伽。

01 保持舒适的冥想坐姿。闭上眼睛,用鼻子深呼吸三次。每次呼气时,让身体放松和平静。专注于整个身体几分钟,直到思绪安定下来。

02 想象红色的倒三角形。

03 想象那里有一弯新月。

04 想象一个耀眼的黄色太阳在那里照耀。

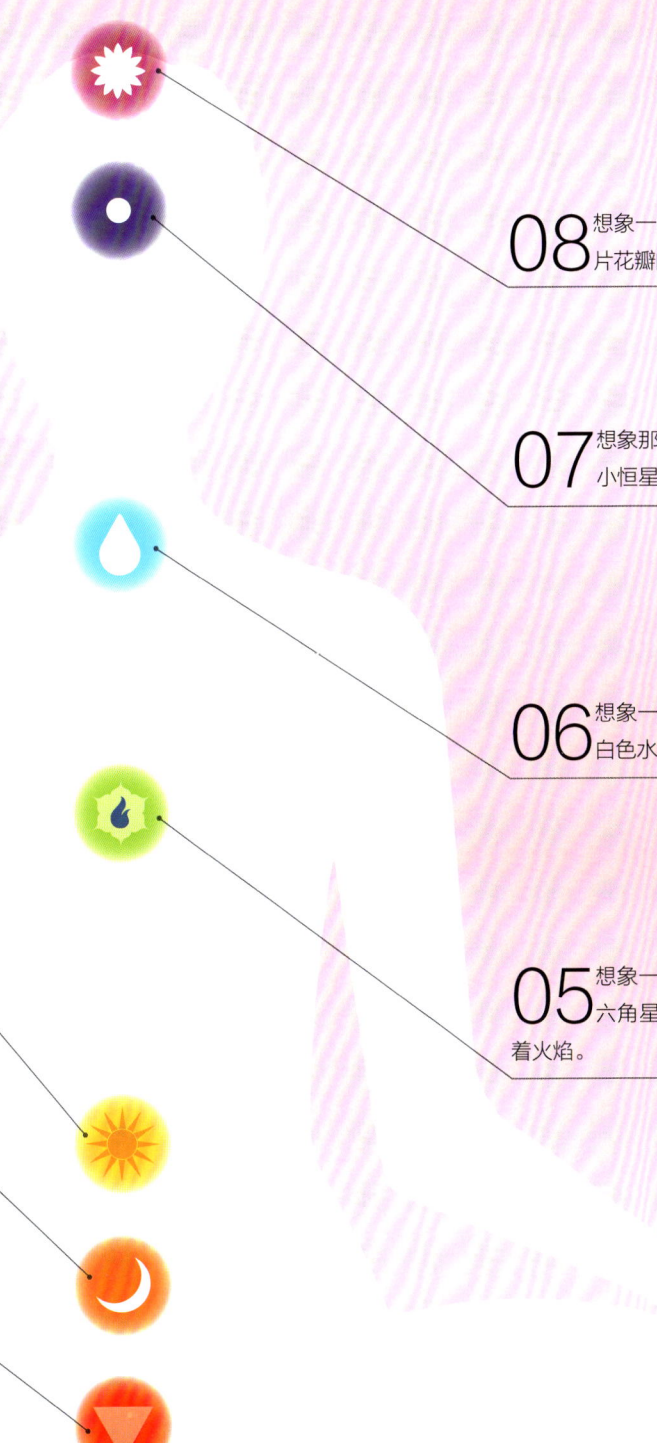

08 想象一朵有一千片花瓣的莲花。

07 想象那里有一颗小恒星。

06 想象一个巨大的白色水滴。

05 想象一个绿色的六角星里面燃烧着火焰。

09 慢慢将注意力按顺序一个个拉回。

10 慢慢移动手指，睁开眼睛，结束练习。

4. 多种方式的冥想

一点凝视法

凝视的力量

凝视是一种让思维保持平静、培养专注力的有效方法。凝视冥想在许多冥想传统中都存在，这里展示的技巧来自瑜伽传统，它把蜡烛作为凝视对象。

01 在一个黑暗的房间里放一根蜡烛，使之与双眼平齐，大约距双眼半米远。确保蜡烛放置在一个平稳的地方，并远离气流。你要以舒适的姿势静坐，闭上眼睛。

02 用鼻子深呼吸三次。随着每一次呼气，你的身体变得更加放松和平静。

03 当你放松后，轻轻睁开双眼，视觉停留在烛芯顶部。充分放松眼部肌肉，并保持稳定。

> "不要专注于不眨眼。相反，要有允许双眼放松的细微意图。"

为什么选择这项练习

一点凝视法能够培养专注的能力，并为其他练习奠定良好的基础。你的注意力更容易集中在发光的物体上，如蜡烛的火焰或月亮，但你也可以选择其他物体，如墙上的一个斑点、一幅画，或一片叶子。如果你每天都用发光的物体练习，两个月后要让双眼休息1～2个月。这时，你可以在一个不发光的物体上练习一点凝视法。如果你有白内障、青光眼、近视、散光或癫痫，也应该避免使用蜡烛。

关键

- **本质：** 稳定地凝视一个物体。
- **感觉通道：** 视力。
- **技能：** 集中。
- **传统：** 瑜伽。
- **相似练习：** 微冥想2。

04 让你的所有意识集中在火焰上。

05 3分钟后或者双眼感到紧张时，闭上眼睛，休息一会儿。

06 你可能会看到蜡烛的重影，不要跟随它。

07 你也可能看不到重影。

08 当双眼休息好后，睁开双眼，开始另一轮凝视。

09 结束时，揉搓双手，盖在闭着的双眼上，慢慢睁开双眼，让眼睛在空白空间中凝望片刻，然后结束练习。

视觉想象

闭上眼睛想象

这是一种培养专注力的强大方式,它是许多冥想传统中的一种冥想技巧。

为什么选择这项练习

视觉想象训练可以帮助你集中注意力,提高记忆力和创造力。

这项练习可以在任何地方以任何姿势进行,但是如果你以冥想的姿势坐下来练习,请先花一两分钟放松身体,平静呼吸,这会让你更容易集中注意力。

> **关键**
> - **本质**:想象。
> - **感觉通道**:视力。
> - **技能**:专注。
> - **传统**:许多,包括藏传佛教、瑜伽和道教等。
> - **相似练习**:昆达里尼。

> "你的身体和大脑越放松和平静，你就越容易想象出稳定的画面。"

布景	回放	头脑黑板
最好选择没有很多物体的场景。	在该冥想练习中，你在脑海里回放过去的一件事情，尽可能地添加大量细节。	在脑海中视觉化地呈现一块黑板并在上面写字。要保持头脑冷静和放松。

布景

01 睁开眼睛，在你的视野范围内观察一个物体1分钟。

02 闭上眼睛，在你的脑海中以相同的位置和同样的大小试着形象化那个物体。尽量保持一分钟。

03 重复这个过程两次以上。每一次添加更多的细节、颜色和清晰度。

04 在最初视觉想象的基础上，开始把更多东西带入你的头脑中，试着想象原先物体旁边有其他物体。

05 逐渐把所有物体想象成一个整体的画面。

06 结束时，将注意力拉回。观察呼吸片刻，然后缓慢地睁开眼睛。

回放

01 闭上眼睛，想想今天发生在你身上的事情。

02 试着在脑海中视觉化地呈现那一件事，就好像你正在看一部电影，一幕接一幕地放映。

03 回忆在这件事情中出现的人，视觉化地呈现他们的着装和面部神情。

04 想象你周围的物体和灯光。把自己视为这一场景中的一部分，包括你的身姿和着装。

05 花点时间在脑海中构思这个场景，别担心你做得对不对。

06 结束时，将注意力拉回。观察呼吸片刻，然后缓慢地睁开眼睛。

头脑黑板

01 闭上眼睛想象一块黑板。你可以在黑板上写词语或数字，也可以是你喜欢的任何东西。这个过程持续约5分钟。

02 开始写完整的句子。你可以写一句喜欢的格言、一个想法，或者叙述你一天中发生的一件事情。

03 结束时，将注意力拉回。观察呼吸片刻，然后缓慢地睁开眼睛。

曼陀罗冥想

关于潜意识

如右图所示,曼陀罗是瑜伽和佛教冥想中使用的一种几何图案,用来绕过意识头脑,从潜意识中唤起经验、感觉和洞察力。

为什么选择这项练习

通过曼陀罗冥想进入潜意识,有助于将更深层次的人格整合到你的意识生活中,并将你从压抑的记忆中解放出来。

当你选择曼陀罗图案时,选择最吸引你的那一个。如果你发现闭上眼睛很难想象曼陀罗图案,那就画它们或者给它们着色——无论自由发挥,还是跟随指引——这是一项非常有用的预备或沉思练习。

03 当你感到平静和专注时,睁开眼睛看曼陀罗图案。观察它的所有线条和细节,探索它的所有角落,欣赏它的颜色、形状和线条。

02 闭上眼睛几分钟,深呼吸几次,每次呼气时放松身体。

01 以舒适的冥想坐姿面对你的曼陀罗图案,可以手持画有曼陀罗图案的纸张,或者将它挂在墙上。

关键

- **本质:** 将思考图案作为进入潜意识的方式。
- **感觉通道:** 视觉、头脑。
- **技能:** 意识。
- **传统:** 瑜伽、佛教。
- **相似练习:** 瑜伽休息术、昆达里尼、一点凝视法。

> "不要尝试理解或者解释曼陀罗图案,仅怀着好奇心和赞叹去探索它。"

04 打开心扉，与你的潜意识"对话"，允许任何图像、感觉、想法和记忆浮现。不要评判，也不要解读它们，仅观察这一切。

05 此冥想有一个可供选择的后续练习，即将视线放在曼陀罗图案的中心，持续凝视它。这实际上会让练习强度更大，也更为专注。无论何时你因为凝视而感到眼睛疲劳，闭上眼睛休息一会儿，然后再开始新一轮凝视。

06 一切就绪后，闭上眼睛，将注意力放在身体上。感觉你的身体是一个整体，观察你的呼吸模式。然后，睁开眼睛并结束练习。

眉心冥想

专注和想象

眉心冥想是冥想中最常用的一种，这里介绍几种不同的方法。

为什么选择这项练习

眉心冥想有助于提高专注力、直觉和意志力。

不要把眼睛抬太高，也不要绷得太紧，以免引发头痛。如果这些技巧中有任何一种引发你的困惑或者不愉快的经历，请咨询你的冥想导师。

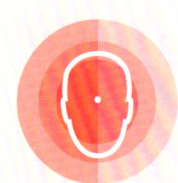

感觉和凝视

这是一种很微妙的技巧，也很具挑战性。

01 以舒适的姿势坐下，闭上眼睛，用鼻子深呼吸三次。在呼气时放松身体。

02 将手指舔湿，按压在眉心部位几秒钟，让这个部位变得敏感。

03 把内在的注意力放在眉心上。

04 微微抬起眼睛但不要睁开。

05 专注于眉心，这有助于头脑平静和内化思想。不要紧绷或过度抬眼。

06 继续保持专注。

关键

- **本质**：专注于眉心处，常伴随特定的视觉想象和呼吸模式。
- **感觉通道**：视觉、身体、知觉、声音和呼吸。
- **技能**：专注。
- **传统**：瑜伽。
- **相似练习**：昆达里尼、一点凝视法、视觉想象。

"放下那些浮现的想法或图像,把注意力放在练习上。"

视觉想象

如果你是一个偏视觉型的人,可以运用视觉想象将注意力专注于眉心。

01 以舒适的姿势坐下,闭上眼睛,用鼻子深呼吸三次。呼气时放松身体。

02 舔一下手指头,将它按压在眉心部位几秒钟,让这一部位变得敏感。

03 把内在的注意力放在眉心上。

04 想象你的眉心前方有一颗小星星或地平线上闪耀的太阳。

05 尽量保持这种想象。如果你无法想象它,就简单地专注于眉心的位置。

话语

这个技巧要与话语同步,以帮助你专注于眉心。

01 以舒适的姿势坐下,闭上眼睛,用鼻子深呼吸三次。呼气时放松身体。

02 舔一下手指头,将它按压在眉心部位几秒钟,让这一部位变得敏感。

03 把内在的注意力放在眉心上。

04 试着想象你的眉心上有小小的脉动。

05 心中重复默念话语"om",同时专注于眉心。

呼吸

这种冥想技巧利用呼吸使你专注于眉心。

01 以舒适的姿势坐下,闭上眼睛,用鼻子深呼吸三次。呼气时放松身体。

02 舔一下手指头,将它按压在眉心部位几秒钟,让这一部位变得敏感。

03 把内在的注意力放在眉心上。

04 当气流经过鼻孔时,专注于你的呼吸,并随着呼吸移动你的意识。

05 随着吸气,感觉空气通过你的鼻孔进入身体并上行至眉心位置。让感觉在那儿停留一会儿。

06 随着呼气,感觉空气从眉心位置经过鼻孔释放出来。

话语

心灵的摇篮曲

话语练习需要你重复地大声朗读、细声耳语或在心中默念一个词语、一个音节或一个短句。

为什么选择这项练习

话语练习是一种非常有效的冥想方式,尤其对初学者而言,很容易让头脑平静、稳定下来。

你可以选择任何一个话语,但重要的是你要把这个话语与它的含义和声音联系起来。

关键

- **本质**:重复一个词语、音节或短句来帮助你获得平静。
- **感觉通道**:声音。
- **技能**:专注、意识。
- **传统**:瑜伽。
- **相似练习**:颂唱。

02 睁开眼睛,大声重复话语约一分钟。如果你的大脑紧张、烦躁或昏昏欲睡,你可以花更多的时间大声重复这个话语。

01 保持舒适的冥想坐姿,闭上眼睛,用鼻子深呼吸三次,每次呼气时放松身体。

03 闭上眼睛继续念，但要像耳语一样，声音要微弱到你几乎听不见。如果你的内心很激动，你要以更快的速度重复话语来控制你的激动。当你平静下来后，则可以放慢速度。

04 在心里重复这个话语。如果你觉得烦躁或困倦，可以回到低声细语或大声重复。如果这样有帮助，可以把眼睛半睁着，但不要盯着任何东西。你也可以用呼吸来同步你的话语。

05 感受话语在你身体和心灵中的效果。不要让它变得机械或毫无生气，但也不要过于专注于它。让想法进来，但一定要用你的话语保持一部分注意力。

06 快结束时，任凭话语随意重复。如果它自己继续下去，就随它去。然后，慢慢移动手指，睁开眼睛，结束练习。

4. 多种方式的冥想

做标记

在混乱中建立秩序

标记或记录我们经历和意识到的思想、感觉和情感有助于我们专注当下和拥有正念。

为什么选择这项练习

做标记是一种客观看待自己的想法和感受的方式。当你同时有多重感受和想法的时候，它会有助于头脑清醒，让你更多地了解自己。

做标记可以是一种独立的练习，也可为其他形式的冥想做准备，或者无论何时你感到需要在混乱中保持秩序，你都可以进行这项练习。

关键
- **本质**：给你的想法和感受贴上心理标签。
- **感觉通道**：头脑。
- **技能**：意识。
- **传统**：佛教。
- **相似练习**：正念、内观、内心静默、微冥想4。

01 你可以用任何姿势做这项练习，但坐式冥想更有助于加深体验。

02 在脑海中标记意识中占主导地位的任何思想、感觉和情绪。你可以使用一些通用的词语做标记，例如：如果是记忆浮现，则标记"记忆"；如果是随机思考，则标记"思考"。其他标记可以是"疼痛""不安""渴望"或者"沮丧"。首先想到哪个词就用哪个词。

03 你可以重复这个标记来强化它，例如"思考，思考"或"听，听"。如果一个想法或感觉在持续，则不断重复这个标记，直至消失。

04 如果你在注意呼吸，你可以用"吸气，呼气"这样的标记。

05 让你的标记生动而温和。如果你的大脑真的很忙，你可能希望更频繁地做标记。

06 一旦大脑平静下来，你可能就不想那么频繁地做标记了，甚至会放弃做标记。你只需留意你当下如实的体验，无需言语。

07 最后，如果你还没放下做标记，那就休息片刻，然后慢慢地移动身体，睁开眼睛，结束练习。

"做标记的意义不是为了精确，而是为了对你的体验有每时每刻的清晰觉察。"

内心静默

正念和克己的瑜伽方法

内心静默首先专注于建立牢固的意识和正念基础,然后才是专注和无思。

为什么选择这项练习

如果你的内心非常不安,并且在其他练习中无法集中注意力,这个练习就尤其有用。它能培养你见证和引导思想的能力,这能使你头脑平静,并在混乱中保持秩序。内心静默也能培养自我意识、接受力和见证力。

> **关键**
> - **本质**:感知声音、感觉和思想。
> - **感觉通道**:心灵、多通道。
> - **技能**:意识、专注。
> - **传统**:瑜伽。
> - **相似练习**:正念、内观、做标记、抽象冥想、微冥想4。

"什么都不要抗拒,什么都不要坚持。没有必要解释任何事情。"

01 以舒适的冥想姿势坐下,闭上眼睛,用鼻子深呼吸三次。每次呼气时,放松你的身体。

02 注意你听到的声音。让每一种声音到达你的耳朵,不分析,不抗拒,不要抓住任何声音不放。让你的注意力一个一个地扫描你能听到的所有声音。

03 注意身体的感觉,比如热和冷,压力和轻盈,张与弛。观察它们的本来面目,不解析它们。然后注意你的呼吸,注意它是深是浅,是快是慢,是通过胸腔还是腹部。

05 意识到自己在思考，从被动的观察者变成主动的参与者。选择一个想法，然后思考它，不要让其他想法分散你的注意力，也不要转移到无关的想法上。过一会儿，消除这个想法。如此重复两遍。

04 将意识转移到思绪上，无论是积极的还是消极的，不要跟随任何想法，只观察而已。

06 更高级的阶段是专注于头脑中的空白。如果有想法或图像出现，把它们放在一边，继续凝视头脑中这个"没有想法"的空白空间。

07 结束时，让注意力回到你的身体和呼吸上。过一会儿，慢慢移动手指，睁开眼睛，结束练习。

4. 多种方式的冥想

物我冥想

非此，非彼

物我冥想是在吠陀经中发现的一种冥想方法。它在本质上不是宗教性的，它只是简单地邀请我们充分认识与我们的体验有关的简单事实：无论我们感知到什么，都不是我们的本质。

为什么选择这项练习

这种冥想寻求通过释放那些"我不是谁"的识别来发展对于"我是谁"的清晰认识。例如，你知道你不是你的衬衫，你在买它之前就存在，脱了它之后你也会存在，你和你的衬衫是分开的。

> **关键**
> - **本质：** 拒绝认同你能感知到的任何事情，并保持观察者的状态。
> - **感觉通道：** 心灵。
> - **技能：** 意识。
> - **传统：** 吠陀梵语。
> - **相似练习：** 自我探寻、内观、微冥想4。

04 意识转移到你的整个身体，再次重复确认。这次是关于你的身体和它不断变化的状态。

03 观察你感知到的所有身体感觉，重复同样的确认。

01 你可以用任何姿势进行冥想，但坐姿可以帮助你更深入地练习。闭上眼睛，深呼吸几次，让自己平静下来。

02 观察你听到的声音，告诉自己：

"我能意识到这些声音的存在，它们不是我，也不是我的。我在观察我的意识。"

05 观察你此刻的想法，不管它们是什么。它们就像声音和图像在你的意识空间飞舞。这一次，重复这一肯定，让你的想法成为你的焦点。

06 现在，请用同样的方式观察你的感受、记忆、欲望和个性。

07 你的名字、你在这个世界上扮演的角色、你的身份……沉思这些事情并觉察它们的存在。

08 一步步地释放对其他任何事物的身份认同，然后认清你的真实本质。在这儿停留几分钟。

09 结束冥想时，让你的注意力回到身体上。感受你的整个身体，感受你的呼吸模式。缓慢地移动手指，然后睁开眼睛。

拓展你的意识

体验整个宇宙

这一冥想是一种对想象力、视觉化和感觉的练习。它的目的是拓展你的自我意识,帮助你体验身心自由的感觉。

为什么选择这项练习

专注于像宇宙这么浩渺的事物会让你的头脑平静下来,让所有的难题都显得微不足道。它会在你的内心创造一种宽阔与平和感。

关键

- **本质:** 将你的意识拓展到整个宇宙。
- **感觉通道:** 头脑。
- **技能:** 意识。
- **相似练习:** 抽象冥想、视觉想象、无思考的我。

01 以舒适的姿势坐下,闭上眼睛,用鼻子深呼吸三次。每一次呼气都让你的身体变得更平静和放松。

02 专注于你的全身,感觉它是一个整体。

03 将你的意识拓展到你所在的房间,慢慢渗透整个房间。

04 将你的意识拓展到你的邻居或整个楼房。

"享受无限、广阔、轻盈和空间感。"

05 把你的意识扩展到整座城市或小镇,然后到整个国家和整个世界。你感觉到自己的难题变小了吗?你感觉思想更开阔了吗?如果想法来了,就随它们去吧,回到你的视觉化想象中。

06 扩展你的意识至整个宇宙。让你的意识拥抱整个宇宙。

07 感受宇宙的无限、浩渺和宽广。你是整个宇宙的见证者和观察者。在这种状态下保持静默和放松。

08 慢慢地把你的注意力拉回,倾听你周围的声音,一个接着一个。专注于你的身体和状态。

09 关注你的呼吸,停留片刻。有意识地进行深呼吸,然后慢慢移动手指、双手、肩膀,最后睁开眼睛。

4. 多种方式的冥想

无思考的我

关停思考的大脑

我们很长时间都生活在自己的大脑里,这是我们的所有想法、记忆、挫折、欲望和问题之所在。"无思考的我"这一练习的目的是与我们的大脑保持距离,更多地贴近心灵和身体。

为什么选择这项练习

"无思考的我"常使用想象力、视觉化或感觉作为冥想对象。

"无思考的我"是一种简单而强大的想象练习,可以让你的想象力自由驰骋。

关键
- **本质:** 不思考,享受当下。
- **感觉通道:** 思想。
- **技能:** 专注。
- **传统:** 瑜伽。
- **相似练习:** 坐禅、视觉想象。

01 闭上眼睛并且深呼吸,专注于当下。

02 花几分钟时间在脑海中扫描整个身体:左腿和左脚,右腿和右脚,腹部和胸部,整个背部,左臂和左手,右臂和右手,肩膀和脖颈,头和脸……培养对整个身体的意识,把它作为一个整体存在于你的意识中。

03 不思考任何事情,只感觉自己活在当下,平静而健康。

"天空是你的头,感受那里广阔的空间。"

07 慢慢移动身体,睁开眼睛,结束冥想。

06 当你准备好时,将注意力拉回到身体上,但在内心深处保持那种宽广自由的感觉。

05 保持这种奇妙的平和和安静的感觉并尽情享受。

04 想法无处可来,也无处可去,一切如此广阔无垠。你的所有想法、自我、个性和混乱全部消失,取而代之的只有广阔的空间。

4. 多种方式的冥想

抽象冥想

思考抽象的事情

许多冥想传统都包含冥想的抽象形式。

为什么选择这项练习

抽象冥想基于一种理念,即大脑会拓展它不断思考之事物的品质。如果你在想那些让你烦恼或害怕的事情,你的大脑会变得不安和痛苦,而思考广阔的空间则会让你的大脑变得广阔而开放。

从根本上说,我们的目标是给大脑一个它本身愿意坚持的想法,这个想法在本质上非常广阔。在冥想之前读一篇关于冥想的短文会有所帮助,但如果这会让你的大脑变得散漫而忙碌,那就没有必要了。

关键
- **本质:** 沉思抽象的事情。
- **感觉通道:** 大脑。
- **技能:** 专注。
- **相似练习:** 坐禅、拓展你的意识、自我探寻。

01 你可以用任何姿势进行冥想,但坐式可以帮助你更深入地冥想。闭上眼睛,深呼吸几次,专注于当下。

02 专注于你所选择的抽象事情,沉思它,让它渗透你的整个大脑。

03 不要分心或散漫地思考其他事情,专注于当下。

"目标是拥有直接而无言的体验。"

05 准备结束时，将注意力拉回，专注于你的身体和呼吸。慢慢移动手指和脚趾，然后睁开眼睛。

04 如果你的注意力开始分散，请将注意力拉回到沉思上，你也可以默念："无限、无限、无限……"

4. 多种方式的冥想

自我探寻

我是谁？

自我探寻是指通过"我是谁"的问题把"我是"与通常加于它之身的想法和限制分离，并获得纯粹存在或"我是"的主观感受。

为什么选择这项练习

"我是"通常与我们的想法和身份认同相关，比如"我感到焦虑"或"我是一名老师"，所有这些都显示出有限的自我或个性。

大多数练习要求你专注或观察，主体（"我"或"我是"）需要关注一个目标，比如呼吸。然而，自我探寻需要主体专注于自身。

关键
- **本质**：将你的注意力从"被看见"转向"主动去看"。
- **感觉通道**：大脑。
- **技能**：专注、意识。
- **传统**：吠陀梵语。
- **相似练习**：物我冥想。

"我是谁？"

03 每一次问自己这些问题时，你可能会想说："是我！"然后你可能会问自己："我是谁？"

02 注意你听到的声音，问问自己："听这些声音的是谁？"注意你的感觉。问问你自己："感受这些感觉的是谁？"注意你觉察到的想法。问问自己："感知到这些想法的是谁？"留意全身的整体体验。问问自己："经历这些的是谁？"

01 以舒适的姿势坐下，闭上眼睛。用鼻子深呼吸三次，让你的身体在每次呼气时都变得更平静和放松。

04 拒绝随之而来的任何答案，因为它们也是你感知的想法，而这些问题的答案不应该是一个想法。

05 把注意力从所感知的事物转移到感知者本身。

06 一旦你找到纯粹的"我是"的感觉，请将注意力停留在那个空间。专注于"我是"，在"我是"中放松，放下其他所有一切。抓住那无言的感觉或存在，不要试图定义它。

07 无论何时，如果你察觉到任何想法，问自己："正在感知这些的我是谁？"请让注意力回到纯粹的"我是"。

08 最后，让注意力回到全身。观察呼吸几分钟，然后慢慢睁开眼睛，结束冥想。

坐忘

坐着遗忘

"坐忘"是指"坐着遗忘"。它要求你关停大脑,忘记自身和周围环境,进入一个难以言表的寂静空间。

为什么选择这项练习

"坐忘"是具有挑战而又直接的练习,它会将你带到没有思想、静止而广阔的意识空间。它能让心灵平静下来,让身心得到休息。

关键

- **本质:** 放下一切,在不费力的无念中休息。
- **感觉通道:** 头脑。
- **技能:** 意识。
- **传统:** 道教。
- **相似练习:** 坐禅、自我探寻。

03 接受在你意识中浮现的一切,你不需要拒绝。但是,在你的内心深处,你需要处于不为所动的状态。

02 保持放下一切的态度,忘记你周围的环境,让身体静止。忘记并放下所有的一切,没有开始,也没有结束。

01 以冥想的姿势坐着,背部挺直,没有任何支撑。这有助于稳定你的思想和力量。你的呼吸应平稳、缓慢而自然。闭上眼睛。

05 持续释放任何试图思考、理解或改变事物的思维倾向。让一切都顺其自然地流走。

06 只是静静地坐着，什么也不做，在开放和无选择的意识中休息。让一切都远离你，释放喜欢或不喜欢、想尝试或想了解某些事物的干扰，以及释放个人身份的干扰。

04 不要做任何事情，不要卷入任何感知到的事情，不偏爱任何浮现的事物，不做任何打算，不控制也不改变任何事。

07 活在当下，自然地培养这种状态，心灵会自动地变得平静，你会感觉脚踏实地、轻松自得。

08 让自己沉浸其中，让内心变得开放、宽阔。

09 快结束时，让你的注意力回到身体和呼吸上。慢慢移动手指和头部，然后睁开双眼。

"坐忘就像将你置于云朵之上开阔的天空。天空如此浩渺，以至于你没有意识到云朵的存在。"

集中冥想

从关注身体开始

这项练习在于将你的注意力转移到你的身体、感觉和意识上。

为什么选择这项练习

专注于自己的身体、感觉和意识有助于让你从情感和感觉中解放出来,帮助你沉思万物,发展自我认知和同理心。

关键

- **本质:** 专注于自己的身体、感觉和意识。
- **感觉通道:** 头脑、身体、感觉。
- **技能:** 专注、意识。
- **传统:** 瑜伽。
- **相似练习:** 视觉想象、无思考的我、抽象冥想、拓展你的意识。

"这是一种帮助你探索并获得安宁、静默和内心自由的冥想方法。"

身体技巧

这里邀请你以富有想象力的方式专注于你的身体，以改变你的思想状态和自我感觉。对许多人而言，我们很容易将自己的注意力放在自己的身体上。

想象飘在空中

想象失重的感觉能使头脑变得轻盈而少思。

01 最好坐在舒适的椅子或沙发上。

02 把所有的注意力都集中在你的身体上。

03 想象自己飘在空中，带着坚定的信念专注于那种感觉。

04 把这种感觉作为冥想的对象。

集中于一点

把你所有的意识集中在一个点上，你的头脑就会变得安静而入定。

01 以冥想的姿势坐着。闭上眼睛，用鼻子深呼吸三次。每次呼气都让你的身体更放松。

02 花一分钟专注于你的身体，让头脑和身体一起安定下来。

03 把你所有的注意力集中于大脑中央的一点。

04 专注于那一点，保持静止。如果任何想法或画面出现，让它们来去自如，保持注意力集中。

打开内心

注视身体内部，打开内心。

01 保持冥想的姿势。闭上眼睛，用鼻子深呼吸三次。随着每次呼气而放松身体。

02 花一分钟专注于你的身体，让头脑和身体一起安定下来。

03 注视身体内部，打开内心。

04 想一想，你是谁？

05 保持这种纯粹的意识和开阔的感觉。

未完，接下页 ▶

感觉技巧

每一种方法使用不同的感觉来集中注意力。把感觉作为你的冥想对象,体验它们的整体性,洞察它们的本质。

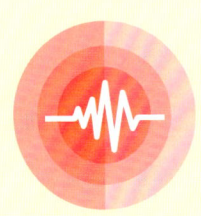

从有声到寂静

在这个方法中,你需要专注于吟唱的声音,你也可以使用一个鸣碗或乐器。你需要一个非常安静的环境。

01 保持冥想坐姿。闭上眼睛,用鼻子深呼吸三次。随着每次呼气而放松你的身体。

02 花一分钟把注意力放在身体上。让头脑和身体一起安定下来。

03 吟唱"om",把"m"的音拉长。注意要让整个声音从强烈慢慢变得微弱,直到消失。

04 就像声音从寂静中出现,又消失在寂静里,让声音引导你的意识回到寂静。

05 一旦声音消失,继续留意寂静。几分钟后再次吟唱"om",想重复多少次就重复多少次。

快乐冥想

在这个方法中,你需要专注于快乐的感觉,以便自己可以随时获得它。

01 保持冥想坐姿。闭上眼睛,用鼻子深呼吸三次。随着每次呼气而放松你的身体。

02 花一分钟把注意力放在身体上。让头脑和身体一起安定下来。

03 回忆让你感到深深喜悦、愉快或满足的某个时刻,比如吃美味食物的时刻。

04 深深地体验这一感觉,从而拓展它。专注于这种快乐,让你的心灵与它融为一体。沉浸其中,但保持清醒的意识。

05 让快乐的感觉变得更强烈,让自己进入纯粹的喜悦之中。

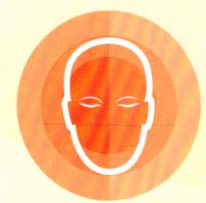

平静

这种冥想帮助你平静地对待身体上的痛苦。

01 保持冥想坐姿。闭上眼睛,用鼻子深呼吸三次。随着每次呼气而放松你的身体。

02 花一分钟把注意力放在身体上。让头脑和身体一起安定下来。

03 把你所有的意识都集中在你身体里最疼的地方。

04 放下对疼痛的任何厌恶,让身体放松,让自己舒适。

05 把疼痛简单地看作一种知觉,而不将它贴上好或坏、愉快或不愉快的标签。让你的心灵保持安静、开阔。

"你可以学会随时感受到强烈的幸福和快乐。"

4. 多种方式的冥想

未完，接下页 ▶

"你可以找到思绪之间的空隙,就像音符之间的停顿。"

意识技巧

这里所展示的创造性沉思和视觉想象可以帮助你在脑海中找到平静、自由和广阔感。

想法之间的空隙

找到想法之间的空隙,让你的意识在那里休息片刻。

01 保持冥想坐姿。闭上眼睛,用鼻子深呼吸三次。随着每次呼气而放松你的身体。

02 花一分钟把注意力放在身体上。让头脑和身体一起安定下来。

03 试着将注意力停留在想法和想法之间的空隙处,就像两个音符间的停顿处,不管节奏有多快。一开始会非常困难,因为我们的意识没有被训练得如此敏锐。但如果你专注并坚持下去,这是可以做到的。

04 在任何想法浮现之前及消失之后,都会有空间和寂静。你越训练自己留意并停留在这一空间中,你的想法与想法之间的空隙就会变得越来越大。

自我同一

这个方法要求你沉思所有生命和意识的同一性。

01 保持冥想坐姿。闭上眼睛,用鼻子深呼吸三次。随着每次呼气而放松你的身体。

02 花一分钟把注意力放在身体上。让头脑和身体一起安定下来。

03 忘记你的身体和大脑,思索心中唯一的自我。

04 就像月亮在不同的池水中呈现不同的倒影,相同的意识在许多不同的心灵中会呈现不同的面貌。

深不可测的井

在这个方法中,你的意识可以自由移动,没有什么能阻挡它。你也可以试着凝视一口真正的井。

01 保持冥想坐姿。闭上眼睛,用鼻子深呼吸三次。随着每次呼气而放松你的身体。

02 花一分钟把注意力放在身体上。让头脑和身体一起安定下来。

03 想象你坐在一口深不见底的井前。你向下看,但是你的视线没有触及任何物体。

04 让你的意识不断深入这一无底的井。你的意识可以毫无阻碍地自由移动。

05 把所有的注意力集中在这种无限延伸和无限深入的感觉上。

慈心冥想

心灵的净化

在慈心冥想这个练习中,你会产生爱和慈悲之心,并真心希望自己和他人幸福安康。

为什么选择这项练习

慈心冥想可以帮助你培养积极的情绪,释放诸如愤怒、仇恨、冷漠、自私和悲伤等消极情绪。它会帮助你产生爱和慈悲之心,并强化之。当这一切发生时,你的内心会充满喜悦和幸福。

关键

- **本质**:通过回忆、视觉想象和肯定而产生爱和慈悲之心。
- **感觉通道**:心灵。
- **技能**:集中。
- **传统**:佛教。
- **相似练习**:视觉想象。

01 保持冥想的姿势,闭上眼睛,用鼻子深呼吸三次。随着每一次呼气而放松身体。

02 试着回忆一个让你感到深深被接受、被爱、被欣赏的时刻,并请记住是谁让你有这种感觉,以及围绕这种感觉发生的事情。如果你想不出一个具体的例子,那么就想象一下这种感觉。你可以在你的脑海中创造一个形象或一个故事,并体验那种感觉。

03 一旦你找到了那种慈爱的感觉，就专注于它。把记忆或细节画面抛在脑后，只要意识到这种感觉即可。然后把这种感觉作为你的注意力的焦点，并不断喂养它、重现它、提升它。如果有任何想法干扰你，确认一下，然后继续专注于慈爱的感觉。

04 当慈爱的感觉变得稳定，把它投向自己，投向另一个人，并投向整个地球。将你所投向的人（即使是你自己）形象化会很有帮助。然后带着这种感觉和希冀，在内心重复默念：

"……愿你快乐，愿你平安，愿你健康！"

05 快结束时，将注意力拉回，专注于你的呼吸并观察一两分钟。当你准备好时，慢慢移动手指，睁开双眼，结束练习。

"当把其他人视觉形象化时，试着设身处地地为他们着想。想象你就是他们。"

心跳冥想

心灵的净化

这里展示的技巧侧重于将心跳作为冥想对象。

为什么选择这项练习

心跳冥想有助于让你的头脑和心灵沐浴在爱的幸福感中。这一技巧变得越来越受欢迎,你只需关注心跳本身。

关键
- **本质:** 专注于心跳本身。
- **感觉通道:** 心脏。
- **技能:** 意识。
- **相似练习:** 颂唱。

---

01 舒适地坐着或者躺下,闭上眼睛,用鼻子深呼吸三次。随着每一次呼气,让身体更放松和平静。

02 花几分钟时间专注于你的身体,让头脑随着身体平静下来。

03 当你的身体和头脑变得平静时,开始留意你的心跳。专注于你的心跳,忘记其他事情。

"心跳就是你的生命。"

04 专注于每一次心跳。如果你感受不到自己的心跳，请确保你完全放松身体，让头脑保持平静，将意识专注于心脏区域。你最终会感觉到心跳的。

05 让心跳成为你的全部，让所有想法都被心跳掩盖。

06 忘记你的身体、想法和自我，让自己成为心脏跳动的见证者。如果你的意识游走，请将它拉回，关注你的心跳，你想花多少时间就花多少时间。

07 在心中不断呼唤爱与感恩。

08 沉思你的心跳，感受它所带来的温暖和平静。

09 你可以跟随心跳默念"om"。

10 快结束时，不再关注心跳，将注意力转移到你的全身。当你准备好时，缓慢移动身体，睁开双眼。

4. 多种方式的冥想

5
INTEGRATING AND DEEPENING
整合与深化

冥想时刻

日常生活中的冥想

要想从冥想中获得最大益处,应该让冥想成为你生活的一部分,而不是去完成任务。请在一天中安排一些冥想时间,并在你的日常活动中加入一些冥想品质,它会更快地推进你的练习。

冥想会影响你的日常生活,日常生活也会影响你的冥想。在理想情况下,二者需要互相支持。要做到这一点,你可以每天做5~10次缓慢的、基于正念的呼吸练习,放松身体,释放压力,或者让你的冥想目标在脑海中停留一会儿。

你需要找到一种方法来提醒你练习,你可以使用手机或可穿戴设备上的提醒功能,也可以使用计算机进行提醒。

让你的日常活动具有冥想性

你也可以在日常活动中培养意识、专注和放松。试着把这八个"冥想时刻"融入你的一天。

01 当遇到红灯需止步或停车时,深呼吸,并放松脸部、肩部和手部的肌肉。

02 当你在火车或公共汽车上时,注意所有通过感官传来的信息——你所看到的、听到的和感觉到的。

03 面对一个难相处的人或面临一种困难的处境,深呼吸,随着呼气而释放所有负面情绪。

> "冥想能丰富你的生活，而且如果你的方法正确，你的全部生活都可以当作冥想训练。"

04 把任何任务都当作专注力的练习，让自己全神贯注。有任何干扰浮现时，轻轻地将注意力带回到手头的工作上，就像你在冥想中对待浮现的念头一样。

05 留意你使用手机或回复邮件时的精神状态。你是充满压力和焦虑，还是冷静而自信？不管是什么，试着以冥想的方式接近那些情绪。

06 吃东西时请留意身体的感觉。花点时间真正地体验你的食物：注意它的质地和颜色，以及它闻起来像什么。每吃一口，留意尽可能多的味道。观察你的大脑和身体对每种味道的反应。

07 打开手机时要目标明确，完成目标后再打开其他应用程序或通知。

08 和别人交谈时要全心投入：注视对方，注意对方的肢体语言，认真地倾听对方在说什么，并考虑你该如何反应。

数码干扰

冥想如何提供帮助

科技是一种美妙的工具,但是日益增长的交互联系会助长我们的无知无觉、坐立不安、过度刺激和脱离实际。冥想有助于我们在享受科技益处的同时避免陷阱。

无论我们从科技中寻求什么,不管是扩展知识还是与他人联系,我们都很容易分心,忘记我们为什么要使用它。随着电子邮件、社交媒体和短信息不断将我们的注意力拉向电子屏幕,集中注意力并找到安宁就变得特别具有挑战性。

这就是为什么我们通过冥想学到的技能如此重要。那些专注的人可以排除干扰,对即时满足的诱惑说"不",集中精力做有意义的事情,这让他们有更好的机会在生活中取得成功。同样,意识到我们如何与科技互动,有助于我们重新掌控科技,而不被它压倒。

与科技维持更健康的关系,有助于你在日常生活中建立冥想的原则,比如自由和无反应,它们转而会深化你的练习。

练习自我意识

意识到你想从科技中寻求什么,以及它如何影响你,将帮助你在如何使用与何时使用方面做出清醒的选择。下次拿起手机或打开电脑时,你要意识到是什么驱使你采取这一行动,并留意使用电子产品时你是否被它拖向与目标不同的方向。

观察你使用电子产品之前、之中与之后的身心感受。留意它对你的影响:被触发的感觉、情绪和想法。当你读到一条信息时,你会感到轻松还是更加焦虑?也许你会感到一阵头晕目眩的满足感,但随之而来的却是一丝厌倦。

以正念取代无心

从等公交车到吃早餐,对我们很多人而言,我们倾向于一有空就查看智能手机。我们很多人会睡前查看手机,醒来后又会再次查看。

如果你没有真正需求就拿起手机,你就要开始注意。然后试着用正念的习惯替代这一漫无目的的习惯,比如深呼吸几次,观察你的大脑,或者只是享受你身边发生的一切,你甚至可以做一个微冥想。一开始这并不容易,但绝对值得。

"科技伴随着无穷无尽的干扰,这就是为什么我们比以往任何时候都更需要冥想。"

制定基本规则

一旦你清楚地认识到自己与科技的关系,就是时候该收回注意力,为自己想要如何使用科技制定基本规则,比如:

早餐前或晚上10点后不上网。

每天仅查看电子邮件和社交媒体2~3次。

远离电子屏幕一天,频率为每周一次或每月一次。

接电话、发邮件或发信息之前深呼吸。

保持智能手机、平板电脑和计算机上能发送通知的应用程序不超过五个。如果这让你担心错过信息,请确认这一感觉,然后继续前进。如果这种担心持续下去,你可以用冥想来调节情绪。

正如养成任何新习惯一样,遵循上述基本规则也需要意志力,这正是你在冥想中要培养的技能之一。

暂停、呼吸并前进

用冥想管理情绪

我们的情绪是对情境的不自觉反应，它们并不受我们控制。冥想给我们提供正面处理情绪的工具，教会我们减少不必要的反应，使我们能按照自我设计的方式而不是默认的方式生活。

你是否经常发现自己会犯下一个愚蠢的错误，或者对某件事做出情绪化的反应，然后马上就后悔了？这是生活在自动模式下的结果，这是我们的默认"设置"，它伴随着许多代价——羞耻、糟糕的决定和错失的机会。

我们不能永远知道在每一种情况下该做什么最好，但更多时候，我们确切地知道该做什么或不该做什么。我们只是在现实生活中没有足够的时间去弄清楚事情和从一个更好的角度采取行动。情绪也在其中扮演重要的角色，我们不能阻止它们出现，但我们可以改变自己对它们的反应。运用从冥想中学习到的技巧，我们可以避免很多痛苦。

意识、放松、专注

通过发展更强大的觉知，冥想能够帮助你意识到自己的情绪状态和感受。这能让你客观地观察情绪的本来面目而不加判断，也不在脑海中制造多余的故事。

你也能够开始更加注意自己的行为，并识别你的情绪何时被触发，而不仅仅在伤害已经出现的时候才意识到。

在冥想中放松身心会给你带来平静感，你可以将它带入你的生活，而把注意力集中于冥想目标则会增强你的专注力。因而，那些让你妄下论断或条件反射式说话做事的状况则很少会再出现。你也能注意到何时你的头脑会陷入消极的思维或感觉模式。你可以使用三个技巧来平息不舒服或无益的情绪，或者提升积极情绪（见对页）。

不做任何反应

总之，这些技巧能让你在日常生活中少做反应，多些暂停，或不做反应。当面对情绪触发时，这种停顿通常足以让你在"战斗还是逃跑"的反应中冷静下来，让你的理性大脑开始工作，给你更多的选择来应对。要平息强烈的情绪，你也可以遵循对页介绍的步骤。

"冥想赋予你驾驭情绪的工具。"

如何应对情绪

通过让你更好地意识到自身的情绪状态和感受，以及练习管理情绪的技能，冥想帮助你重新掌控一切。首先你要决定对这种情绪或感受做什么。

情绪

随它？

观察你的身体和脑海里正在发生什么。不评判自己，也不解释正在发生的事。简单地让情绪流出，并从中学习。然而，重要的是不要把你的注意力完全集中在情绪上，否则你会冒迷失自我的风险。

冷静？

用一个词标记这一情绪，比如"生气""沮丧""悲伤"或"不安"，这将帮助你获得清晰和客观的感觉。确切地说，这会带走一些情绪的直接力量，使情绪更容易被管理。

增强它？

用你全部的注意力"喂养"这种情绪，就像你通过慈心冥想中的专注来增强爱的感觉。当然，它最终会过去，因为所有的感觉都是短暂的，但这种方法会让情绪持续更久，并在你的脑海中留下更深刻的印象。

做3~5次缓慢而深长的呼吸。试着吸气4秒，然后呼气4秒。如果可以的话，再做几次，让呼吸更深长。每一种情绪状态都与一种呼吸模式有关，而改变呼吸模式则可以向你的身体发出信号，帮助情绪平息。

确定情绪在你身上的哪一部位产生作用，比如肩膀的紧张或胸部的压力，然后有意识地随着呼气释放它们。

去征服，去视觉想象

利用冥想完成挑战

无论面对什么样的内心障碍或个人挑战，无论对工作缺乏动力还是在约会前缺乏自信，你在冥想中获得的视觉想象能力是帮助你克服困难的强大方法。

我们都面临着情感生活或者心理生活上的挑战，也许是社交焦虑，也许是拖延的倾向，也许是消极的自我对话。许多冥想技巧通过提高视觉想象能力，可以让你在很多领域取得成功。

一次试验

在你面对个人挑战的一段时间里，你可以将视觉想象作为一种练习。你在这种处境下观察自己，想象自己想做什么就做什么，或者感受你想要感受的一切。最为关键的一点是你不要直接视觉化地想象最终目标。例如，如果你想克服社交焦虑，你不要告诉自己在特定情况下你不会感到焦虑，因为如果你在现实生活中感到焦虑，你就会认为想象没有效果。相反，你要想象焦虑已经到来，你看到自己能够克服它。这样，当你真正面对焦虑时，你会想："我知道如何应对焦虑，我以前克服过它，我可以再克服一次！"

你的视觉想象能力越强，就越能尽早完成个人挑战。为加强这种能力，要选择包含视觉想象的冥想技巧，如内观、视觉想象和眉心冥想。

"视觉想象是改变心态、情绪和行为的强大工具。"

专注于克服社交焦虑

这项技巧通过视觉想象帮助你为可能引起社交焦虑的事件做准备,你也可以将其调整并应用于任何个人挑战。

01 舒适地坐下或躺下,闭上眼睛,用鼻子做几次深呼吸。让身体放松,让头脑安定下来。

02 去视觉想象可能引发社交焦虑的情境,它可能是社交活动或一场约会。逼真地想象那种情况下的你,尽可能增添更多的细节。

03 真实地想象自己在那个情境中,感受你身体的感觉,观察可能被触发的念头。做任何必要的事情让焦虑表现出来,如同它真的发生过。

04 让自己意识到焦虑,并记得深呼吸。视觉化地想象自己正在做几次深呼吸并放松身体。过一会儿你发现焦虑消失了,你感到平和且活在当下。

05 视觉化地想象你能自信地行动,比如自信地说话,或者大方地介绍自己。如果可以,花5~10分钟来这样做。让你的想象非常真实,在你的脑海中留下深刻的印象。你也可以使用肯定的话语来支持这种状态。

06 当你准备好时,停止视觉想象。花几分钟时间观察你的呼吸,对自己说:"我知道如何应对社交焦虑,我每次都能克服它。"

增强解决问题的大脑

使头脑清醒的冥想

想想看,如果你能提高注意力和清醒度,减少精神干扰,看得更远,你将能更好地解决生活中的难题。幸运的是,冥想能带给你这些能力。

当你正在思考一个亟待解决的难题,比如工作上的技术难点或者私人生活中的一个问题,时常会有好几个想法在你脑海中穿梭,与你想要解决这一难题的念头相冲突。冥想能够帮助你消减这些干扰,让大脑对需要重视之处给予更多关注。

注意力和焦点

冥想练习能使你持续专注于冥想目标。你对冥想目标给予越多关注,它在你的意识中就变得越发清晰。持续而稳定的注意力会提升想法的清晰度,这与你的专注力紧密相关。

经过数月的日常练习,随着专注力的增强,你面对的干扰会越来越少,这就使你能够释放更多的精力来专注于手头的任务。

在解决问题之前,你可以尝试冥想5~10分钟,这样你就可以拥有更清晰的头脑。对于棘手的难题,你可以尝试对页上的冥想练习。

认知力

通过发展专注力和减少精神干扰,冥想让大脑释放更多空间来解决问题。

"专注、清醒的头脑有助于创造性地解决问题。"

专注于解决问题

毫无期待地坚持冥想练习，往往在你已经完全忘记问题的时候，你会发现问题的答案会随之呈现。

01 花10～15分钟思考你的问题，记下所有变量。你可以用一大张白纸或者一块白板进行记录。让你的思维更开阔，而无须深入。这时你会看到所有变量及变量之间如何相互关联。

02 冥想20分钟，理想状态是进行专注于身体或感观的冥想。尽可能忘掉有关问题的一切。

03 冥想结束前，放下你的冥想目标，将问题带入你的脑海，并将问题作为你冥想的目标。

04 不要积极地思考问题，只让所有想法出现在意识中，并简要回顾问题的所有变量。保持开放的心态，伴随着全景意识，简单地观察盘旋在你脑海中的想法，看看你是否会发现全新的见解或者变量间的新联系。

05 结束冥想，把注意力拉回到白纸或白板上。你会以更好的状态富有创造力而高效地解决你的问题。

5. 整合与深化

成长和繁荣

用冥想培养个人力量

我们已经知道冥想能帮助我们培养重要的个人力量，如冷静、耐心和专注，同时它也给予我们工具，让我们能在很多领域做出长期改变。

长期的个人成长，比如培养个人力量，需要自我意识和意志力，而你可以通过冥想来提高这两项核心技能。首先，你需要自我意识来识别那些锻炼个人力量的机会；其次，你需要通过意志力把注意力集中在你所选择的与世界交互的方式上，并坚持到底。

尽管冥想能给予你这两种技能，但改变不是自动完成的，你仍然需要积极运用这两种技能并完成冥想之外必要的工作。

从身体开始

在改变你头脑中的想法之前，运用通过瑜伽休息术、内观，以及正念冥想等技巧发展而来的自我意识大有裨益。这些技巧触发的身体状态通常伴随着你想要培养的特质。

例如，如果你寻求培养勇气，试着看看当你缺乏勇气或者在某件事情上退缩时感觉如何。也许你的肩膀会很紧张，胃里翻江倒海。然后，用同样的方法想象当你用勇气克服恐惧或焦虑时的身体感觉。你可能会记起你曾经很勇敢、无所畏惧地去做事，你也可以运用你的想象力感受这种感觉。

专注于培养勇气

只要你发现有机会锻炼你所期待培养的个人力量,就可以使用这一技巧。这里我们专注于培养勇气,但你也可以将这种方法运用于培养其他特质。

01 当你发现一个可以锻炼勇气的机会时,例如有一种情境让你心里产生恐惧或不安,请识别"没有勇气"的身体感觉。

02 留意"没有勇气"的心理:"我做不到……有坏事会发生……会有麻烦……"

03 运用意志力来激发有勇气的身体感觉,从而培养身体的勇气模式。你可以想象一下胸部的扩张感和肌肉里的能量。

04 有意识地培养勇气的精神和情感模式,告诉自己:"采取这种行动可能会招致不适或损失,但这是正确的事情,也是我想做的事情。"尽管你很害怕,但也要抓住这些感觉。

05 基于你刚刚在身体和头脑中发展的勇气模式来采取行动。即使恐惧还在,你也能勇敢前行,因为那是你需要集中注意力的地方。

5. 整合与深化

为工作而冥想

练习的工具箱

无论你以何为生,冥想都能让你头脑清晰、专注和富有远见,并提高你的幸福感。如果你想在工作中取得成功,同时找到平衡并享受生活,所有这些都至关重要。

很多人练习冥想是为了提高工作表现,因为冥想有助于提高工作效率和减轻工作压力。

通过提高注意力和专注力,并提高思维清晰度,每天冥想将逐渐提升你工作时的表现和幸福感。

放松和减压

- **会议前的间歇**　会议前1分钟,安静地坐着,仅仅观察你的身体和呼吸。
- **注视**　将眼睛从手头的工作上移开,透过窗户凝视远方,放松大脑和眼睛。
- **深吸一口气**　在工作压力和焦虑的高峰期,练习长达5分钟的鼻孔交替呼吸冥想。

专注于减压

这种渐进式肌肉放松技巧可以帮助你在白天感到紧张和有压力时放松自己。你可以坐在办公桌前练习,也可以在其他地方休息时练习。

01 如果可以,尽量坐下来,这种姿势能让你更容易放松。然后,做一次深呼吸,与此同时收缩一条腿和一只脚的所有肌肉,保持5~10秒。

02 呼气,与此同时释放腿部和脚部的肌肉。这将创造一种深度释放压力的感觉,它很难仅仅通过放松而实现。

03 休息片刻,做一次完整的深呼吸,然后用另一侧的腿和脚重复01与02步骤。

04 对身体的其他部位重复上述01和02步骤。从身体下部开始,然后依次向上:臀部、腹部、手掌、手臂和肩膀,然后是颈部和面部。

> "把冥想融入你的工作,它会同时提升你的冥想技巧和工作表现。"

153

5. 整合与深化

未完，接下页 ▶

扩展意识

- **午餐休息** 在午餐休息时间，你可以在附近的公园里或者在工作场所的一间空房里花5～10分钟安静地坐下，练习你最喜欢的冥想。

- **随意的行走冥想** 当你走路去和别人说话，或去参加一个会议，甚至是去买咖啡时，可以让走路成为一种冥想练习。在那几分钟内，放下所有想法，只留意你的脚触碰地面的感觉，或者你走路时的呼吸。

- **用心沟通** 与他人交谈是一个练习自我意识的好机会。当与他人交流时，你可以向自己问这四个问题来观察自己：我的心理状态是怎样的？我的身体是紧张不安的还是放松于当下的？我的话语、语气和面部表情如何影响我的听众？我真的在倾听吗？

使你的注意力更敏锐

- **把工作当成冥想** 把你在工作中从事的活动当作冥想练习。这意味着，在做这件事的时候，你每时每刻都要全身心地专注于当下。你要不断地排除干扰，就像你在冥想中会放下干扰你的想法一样。

- **避免多任务** 一次只单独做一件事，并对它应用上述冥想指导原则。多任务的认知工作从生产力角度而言不仅无效，还会让大脑变得焦躁不安，无法集中注意力。

- **减少干扰** 调整你的环境，使它有利于注意力的集中，而不是分散你的注意力。例如，避免把文件和物品放在桌上或者办公区的不恰当位置；开会时尽量不要带手机；如果你用电脑办公，只打开你完成工作所需的文档、软件和网页。

利用好午休

午休时花点时间离开办公场所去休息，会让你下午的工作更有效率。

"冥想会帮助你找到让你每天都保持平静和拥有存在感的机会。"

在工作中冥想的益处

为改善与同事们的人际关系， 你可以尝试慈心冥想，把同事们作为冥想的目标。

为艰难的会议 或者挑战做准备前，你可以练习视觉想象冥想。

应对某些激烈的情绪时， 尝试用冥想来排解。

在办公桌前坐一天后， 尝试动态冥想，如瑜伽体式、太极、经行，或者能够深度放松的瑜伽休息术。

5. 整合与深化

适合体育运动的冥想

掌控自己

无论进行何种运动,通往成功的道路都充满许多心理障碍——从失去动力到被焦虑和担忧所劫持。冥想能帮助你控制自己的思想,从而控制你的生活。

在某种程度上,要想掌控体育运动就得学会爱上重复。你需要能够一次次地重复练习,每次都全神贯注,精力充沛,不让自己分心或产生消极情绪,也不能失去动力。这正是冥想对精神层面的益处。

冥想还有助于增强你对挫折、疼痛、压力和练习的心理弹性,有助于改善睡眠,减少恢复时间,提高自律,而所有这些都能提高你的运动能力。

日常冥想练习会给你带来很多意想不到的好处,但是如果你想在某些特定的领域有所提高,请从下面的列表开始:

- **意志力和专注:** 坐禅、一点凝视法、眉心冥想。
- **激励和自信:** 内观、微冥想1、眉心冥想。
- **与运动搭档的关系:** 正念、慈心冥想、做标记。

专注于进入状态

01 坐在长凳或椅子上,脊柱和颈部挺直,不需要任何支撑。

02 花一分钟时间感受你的全身内外,感受它的重量和形态。身体是你需要重点训练的对象,你要让你的大脑与它融为一体,与它亲密无间。

03 将注意力转移到呼吸上。用鼻子深呼吸,从1数到5,然后屏住呼吸10秒钟。呼气,从1数到5。如果你觉得这太容易,那么试着吸气7秒,保持14秒,然后呼气7秒。

04 随着呼吸放松你的身体和大脑,释放所有的焦虑、担心和疲劳。

05 这样呼吸4~5分钟,然后结束冥想。如果你有时间,你可以再花5~10分钟来视觉想象你要实现的目标。

> "伴随着冥想,体育运动可以成为你个人成长和自我实现的工具。"

适合演讲的冥想

舒缓紧张情绪

无论是工作汇报、面试，还是婚礼致辞，大多数人在人生的某个时刻都需要在众人面前发言。这可能令某些人望而生畏，但是冥想能帮助我们摆脱精神紧张，成为最好的自己。

对许多人来说，演讲中最具挑战的事情就是控制我们的紧张情绪。当被恐惧、焦虑或紧张支配时，我们的声音可能会颤抖或变得微弱，或者我们可能会说得太快，从而限制了我们的影响力。我们也可能会紧张地走来走去，分散观众的注意力，或者显得很怯懦，没有舞台上的存在感。我们甚至会惊惶失措，完全忘记我们要讲什么。

保持镇定是一场好演讲的关键，所以当你准备演讲或陈述时，选择那些强调放松或意识训练的冥想，以及对你的呼吸和身体调节有关的冥想。如果你的紧张来自担心演讲中忘词，那么可以练习强调专注的冥想技巧。你也可以运用视觉想象来克服紧张感。

在演讲中，对于任何浮现的想法和情绪，你都可以运用呼吸和意识技能，让自己放松和专注。

紧张和焦虑仍然可能出现，但是你会发现自己能很好地控制它们，你可以做出一个精彩的演讲。

专注于平复紧张

如果演讲前感到焦虑，这种被称为盒式呼吸的呼吸技巧将有助于你变得平静、自信，并为演讲做好准备。

01 睁开眼睛或闭着眼睛，看哪一种你感觉更舒服。无论站立还是坐着，请保持脖子和背部挺直。

02 用鼻子吸气4秒，屏住呼吸4秒钟。

03 用鼻子呼气4秒，屏住呼吸4秒钟。

04 让每一次呼吸缓慢、深长而平稳，确保采用腹式呼吸。

05 重复10~20次。如果你发觉4秒太难，试着从3秒开始，并于几轮后增加至4秒。如果你发觉4秒太简单，那就用5秒或6秒。

> "日常的冥想会让你在演讲时保持冷静和自信。"

培养创造力的冥想

找到灵感

创造力是人类的一种奇妙的能力,但它很容易因忙忙碌碌的心灵和过于理性或实际的思维模式而窒息死亡。无论你在生活中想如何运用创造力,冥想都有助于厘清思绪,并给你启迪。

你是否记得曾经非常努力地想变得有创造力,或者努力去寻找一个问题的答案,但是当你已经忘记它的时候,你才想出答案。

我们经常需要这种"放手"的状态来让创造力迸发,这正是冥想可以帮助我们的地方。

为培养这种状态,就要练习注重意识培养的冥想技巧,比如正念或内观。这些练习可以帮助我们发散思维,提高留意新事物的能力,并培养我们对普遍经验的开放态度,所有这些都对创造力的培养至关重要。

如果你想拥有视觉创造力,可以选择视觉想象冥想;如果你是一个音乐家或作曲家,可以选择专注于声音的练习。对于一般的创造性思维,可以选择能激发直觉的练习,如眉心冥想和坐禅。

专注于创造性想象

开始前请想想在你关注的领域内一件鼓舞人心的作品,如一幅画、一首歌或一首诗。

01 保持冥想的舒适坐姿,闭上眼睛。用鼻子深呼吸三次。随着每一次呼气,让身体更加放松和平静。闭上嘴,专注于当下时刻。

02 在脑海中再现你选择关注的那一作品,让它尽可能地栩栩如生。让那个作品占据你的全部意识,让你的大脑与它融合,研究它的美并揭示它的奥妙,并尝试想象创造者在创造它时的心境。

03 将注意力拉回自身,回忆让你灵感迸发的某一时刻。你当时感觉如何?你的身体、大脑和心灵处于什么状态?试着重温那段经历。

04 在脑海里想象你正面临的创造性挑战,想象它是一幅空白的等待被填满的画布,让灵感在其上流淌。

05 当你感觉灵感流动时,睁开眼睛,让你的创造性想象变为现实。

> *"冥想为创造力的蓬勃发展创造最佳的精神状态。"*

161

5. 整合与深化

新台阶

深化你的练习

冥想是一场持续的旅程,探索、体验和练习总是没有止境的。一旦冥想已经变成你的日常习惯,你可能会问自己:"接下来做什么呢?"

连续数月坚持每日练习相同的冥想技巧之后,许多冥想者开始感觉自己不再能取得更大的进步,这很正常。你可以尝试以下任何一种方法来帮助你更深入地练习。

更长的冥想时间

虽然并没有一个固定规则指明你的冥想时间应该是多长,但是一个普遍的指导原则是每次冥想至少20分钟。如果你已经这样做了,可以试着将冥想时间增加到30~40分钟。但是,如果你主要寻求冥想的精神益处,许多冥想导师会建议你将日常练习时长至少保持40分钟到1小时。

质量胜于数量

你可以通过两种方式来提高冥想质量:一是提高冥想强度,二是提前为冥想做准备。

为提高冥想强度,你要保持强烈的意愿,全身心地投入练习。我们会关注自己认为重要的事情,因此要保证你很认真地对待冥想。专注也会帮你产生内在的练习热情。

就像锻炼前的热身,冥想前的身体平静和意识集中有助于你在冥想中达到最佳状态。你可以使用如下方法:

- **鼻孔交替呼吸**、蜂鸣调息法和微冥想1有助于让你的呼吸和身体平静下来。
- **在冥想中融入仪式感**有助于保持专注。

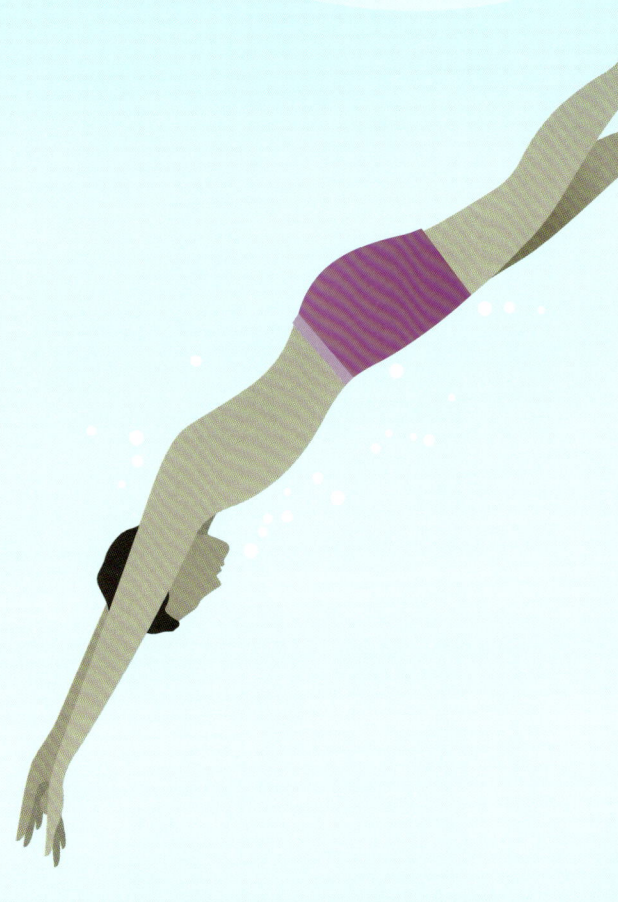

把冥想融入一天的生活

冥想质量会影响你的日常生活，但你在日常生活中的思维质量也会影响冥想。将休息和微冥想融入你的生活，会让你的大脑减少忙碌和不安，也会让你的日常活动具有冥想性。

与冥想联系更紧密

花点时间反思你的练习，学习更多关于冥想的知识，让冥想成为你生活中更重要的一部分。你可以试着：

- **记录**你的体验和进步；
- 围绕主题进行**阅读**；
- **加入一个冥想练习小组**，花点时间和其他冥想者交流；
- **找到**你可以与之交流的**冥想导师**，请教并接受点拨；
- **参加**冥想静修。

"更深入地练习冥想会让你获得更多益处。"

敬重冥想

带有仪式感

围绕一项活动或事件营造一种仪式感,有助于你标记它的重要性。

我们的日常生活中存在诸多仪式,如过生日或毕业典礼。在你的冥想练习中也要引入一种仪式感,无论它多么简单,都要向你自己传递"冥想很重要"的信号,这有助于你全身心地投入练习。

不断深入

仪式对于冥想来说不是必要的,但仪式可以帮助你获得更深层次的冥想体验。一旦你已经养成冥想习惯,就可以考虑采用一些日常仪式。

你的冥想仪式可以简单,可以复杂,只要你喜欢(详见对页)。

> "仪式是工具。通过仪式将你的想法和情绪加以引导,为你自身或世界创造期待的结果。"

日常仪式

请尝试以下任何一种方法,围绕你的冥想练习营造一种重要感,为你一天的生活带来更多的停歇和平静。

开始冥想前,可以试试:
洗手和洗脸;
穿一套很适合冥想练习的舒适衣服;
点燃熏香或蜡烛;
设置练习的目标。

冥想结束后的仪式可以是:
写日记;
喝一杯茶,同时反思练习;
去散步,平静而具有正念;
制订一天的计划。

克服冥想障碍

找到提升空间

如果你感觉没有从冥想练习中获得最大益处，尝试列出你的所有冥想障碍，找出你需要努力和改善的地方。有时仅仅辨认出一个障碍，就可以削减它对你的阻碍力量。

识别出那些阻碍你深入冥想练习的障碍，并学习如何克服它们，是你在冥想练习中成长的重要组成部分。

这些障碍是你的冥想之旅中完全正常的一部分，它们很有可能会长时间伴随着你的冥想练习。下面将介绍一些方法帮助你识别和克服冥想障碍，希望你能有足够的耐心、毅力和精力持续练习，你取得的任何进步都值得庆祝！

加深对练习的理解，并请教导师。

试着围绕冥想引入仪式感，让自己更专注。

"保持清醒的意识，并迈出一小步，一个一个地克服障碍。"

一路向前

这里所示的如何识别冥想障碍和解决方法受瑜伽传统的启发。

给练习加压

鼻孔交替呼吸法

冥想前做一些简单的呼吸练习有助于加深你的练习。鼻孔交替呼吸法是瑜伽传统中最流行和最有效的技巧之一。

在鼻孔交替呼吸练习中,通过用手指按住或松开鼻孔,你一次只能用一个鼻孔呼吸。如右图所示,这样练习3~4分钟可以使你的身体平静下来,可以稳定你的神经系统,并让你的头脑更清晰。鼻孔交替呼吸练习可以为冥想做绝佳的准备,它也是在你的日常生活中创造平静时刻或者调解压倒性情绪的有效方法。

呼吸指导

在此项练习中你要确保用腹部呼吸,让空气流经你的鼻孔。你的呼吸应当:

- **缓慢** 慢慢来,不用着急。
- **深入** 吸气时,吸入大量空气;呼气时,完全清空肺部空气。
- **平稳** 吸入的空气量尽量保持恒定,呼气也一样。

任何时候你都不应该觉得有必要停下来去做几次正常的呼吸。如果你已这样做,那就重新开始练习,选择让你感觉更舒服的呼吸时长,并保持呼气时长是吸气时长的两倍。一次呼吸的时间越长,练习的效果就越好,但要保持自然。你应该在练习结束时感到平静且精力充沛,而不是气喘吁吁。

01 无论置身何处都舒适地坐下。如果你的练习是为冥想做准备,那么请保持冥想坐姿。

02 你可以睁开双眼,但最好闭上眼睛以获得更深层次的放松。

03 用鼻子深深吸气,而后在长时间的呼气中完全释放空气。

04 弯曲右手食指和中指,指尖与大拇指底部相触。用右手大拇指按住右鼻孔,用左鼻孔吸气,数1、2、3。

05 用右手无名指按住左鼻孔，松开右鼻孔并呼气，数1、2、3、4、5、6。

06 用右鼻孔吸气，然后按住右鼻孔，松开左鼻孔并呼气，从1数到6。以上为一轮呼吸练习。请这样练习10～20轮。

07 如果吸气3秒、呼气6秒对你而言很困难，你可以试着吸气2秒、呼气4秒。如果这对你而言很容易，试着增加呼气的时长，并始终保持呼气时长是吸气时长的两倍。

08 留意你的身体和大脑的感觉有什么变化。放松抬起的那只手臂，闭起双眼，开始冥想。你也可以睁开双眼，就此结束练习。

平衡的呼吸

瑜伽传统中包含许多呼吸练习，通过鼻孔交替呼吸，你的神经系统将获得更为充分的平衡和放松，两个大脑半球之间也会有更多互动。

为长冥想做准备

适合冥想的瑜伽体式

通过正确的姿势和支撑，你应该可以舒服地静坐冥想20分钟。但是如果你要冥想更久，你需要让身体为此做好准备。

瑜伽体式最初是为了使身体健康、柔韧和强壮，从而为深度冥想做好准备。瑜伽体式能够帮助你：

- **增加膝盖和臀部的灵活性**。你的膝盖和臀部越灵活，你在冥想中就会感到越稳定和放松。
- **增强背部肌肉**。你的背部和颈部可以更长时间地保持挺直，这是因为背部肌肉是你在静坐冥想时唯一不会完全放松的肌肉群。
- **释放紧张情绪，让你更深层地放松**。

使用右边的方法来练习这里所示的体式，让你的身体为更长时间的冥想练习做好准备。你也可以在瑜伽老师的指导下尝试其他体式，例如脊椎扭转。如果你担心健康问题，可以先咨询医生。

全蝴蝶式（束角式）

这种体式可以提高臀部和腹股沟的灵活性。如果你的臀部或后腰比较僵硬，你可以尝试坐在毯子上。

03 保持脊柱挺直。

02 双脚并拢，脚后跟尽量贴近身体一侧。

01 坐在地板上，卷起双腿。

03 达到极限时，在你的背后伸直手臂，紧握双手，并将双手向前拉，使手臂与地面垂直，或尽可能向前，但不要强迫自己。

02 身体上部慢慢向前弯曲，尽量保持舒适，同时伸展背部肌肉。

01 双腿分开站立，脚趾向前，背部挺直。

04 保持最终姿势并深呼吸。放松你的臀部、后背和颈部，目光经过两腿之间看向后方。

05 你也可以选择放下手臂，用手靠着小腿或者膝盖。

三角前弯式

这种体式可以伸展和放松沿着脊椎的肌肉群。

05 过一会儿，你可以用双手握住双脚，肘部向外将大腿压向地面，以深化拉伸感。当你感到拉伸到位时，坚持几秒钟，深呼吸。

04 双手握住双脚，轻轻地上下移动膝盖30~50次，或者将手放于膝盖处，用手带动腿上下运动。

如何练习体式

基于你的时间和需要而练习这些体式，牢记以下原则。这些姿势会拉伸你的肌肉，但不会造成疼痛。你需要缓慢而用心，不要挑战极限。如果有疑问，你可以咨询医生或瑜伽老师。

每种体式至少保持30秒。

如果你练习一种使你的背部朝某一个方向弯曲的体式，那么在接下来的体式练习中，让背部朝相反的方向弯曲，并保持相同的时间。

总是以一个放松的姿势结束练习。

未完，接下页 ▶

01 坐立，双腿向前伸直，双脚并拢。

02 用双手轻轻地抬起你的双脚片刻，并使脊柱挺直。

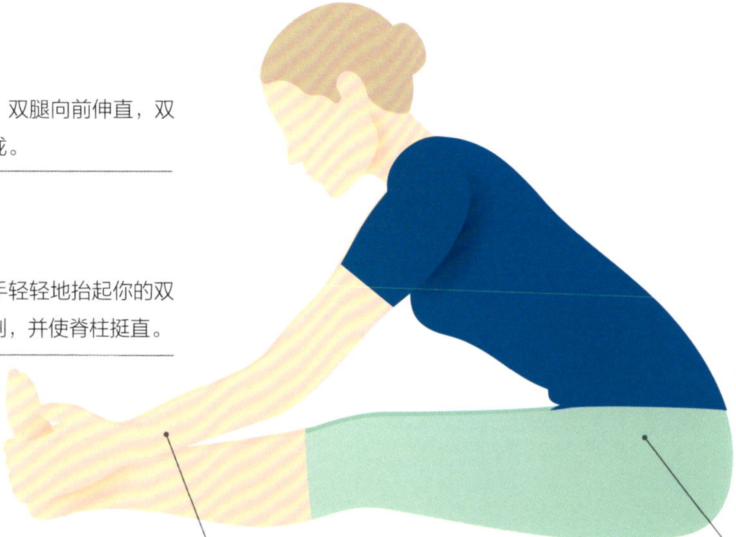

05 当你准备好时，用手臂帮助你缓慢还原初始坐姿。

坐姿前屈式

这种体式可增强你的背部肌肉。如果这让你的后腰感到不舒服，那就坐在毯子上吧。

03 呼气的同时，身体上部慢慢向前弯曲，向前伸展手臂并使上半身尽可能舒服地靠近大腿。

04 保持这一姿势，深呼吸，随着每一次呼气而放松臀部、大腿及后背的肌肉。

01 俯卧，前额贴在地板上。

02 双臂向前伸展，掌心朝下。

03 使双腿伸直，大脚趾相互触碰。

04 闭上眼睛，放松全身，专注于你的呼吸或者全身的感觉。

俯卧放松式

你可以使用这种深度放松的姿势来结束冥想练习。另一种替代方法是仰卧放松式。

肩部式

这个体式可以有效地增强后腰部的肌肉力量。

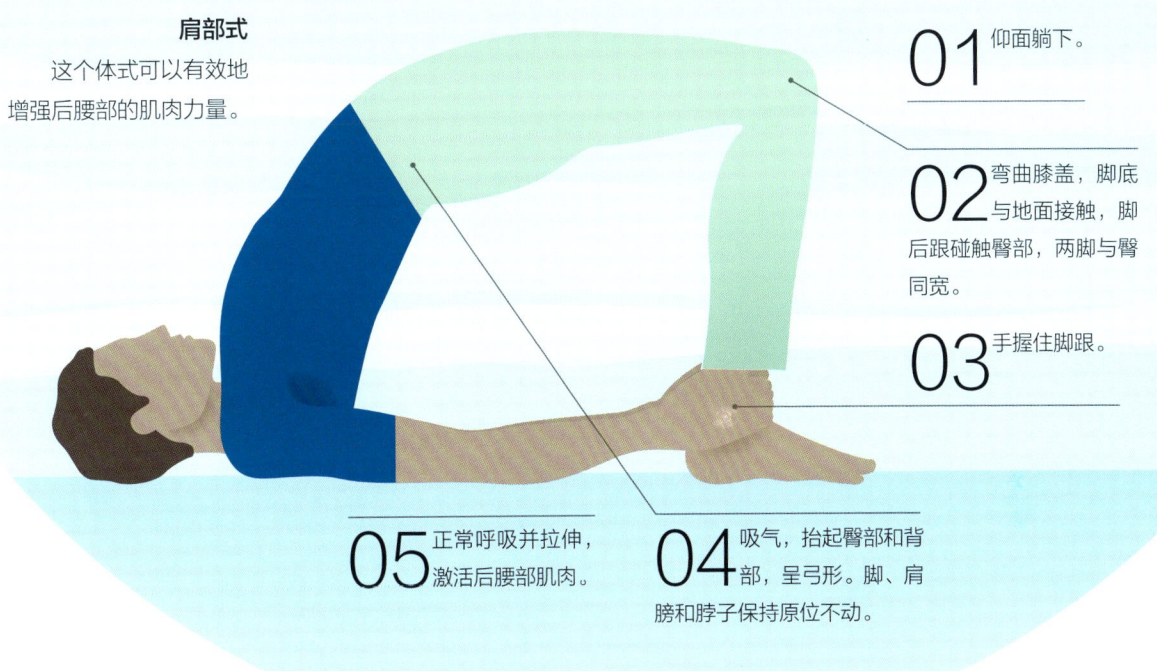

01 仰面躺下。

02 弯曲膝盖,脚底与地面接触,脚后跟碰触臀部,两脚与臀同宽。

03 手握住脚跟。

04 吸气,抬起臀部和背部,呈弓形。脚、肩膀和脖子保持原位不动。

05 正常呼吸并拉伸,激活后腰部肌肉。

狮身人面式

这个体式有助于增强你的上背部肌肉。

01 俯卧,双腿伸直,双脚并拢并伸展,脚趾接触地面。

02 前臂弯曲,平放于地面,两臂平行。

03 抬起上身,肚脐紧贴地面,保持这个姿势并向前看。感受背部中间和上背部的拉伸。

04 你也可以将手放于肩膀下方(可稍微偏向两侧),并伸直手臂。

5. 整合与深化

静修

期待什么

静修是将你的冥想练习提升到更高层次的最好方法之一。知道该期待什么及什么时候开始静修将有助于你收获更多。

静修可以让你在忙碌的生活中暂时停歇下来，深入冥想，远离平常的干扰。静修是帮助你深刻反省和改变自己的最好机会。

通过加深对自己的了解，静修有助于你更好地应对日常生活中的挑战。你也会更加清楚地意识到周围环境和其他人如何影响你。基于此，你能够做出具体的积极改变，让自己远离消极或被动。

注意事项

静修的目的是让你专注于冥想。对于静修，你有许多事项需要注意：

- **持续时长** 通常来说，1~3天的静修对初学者而言是最好的。不管时间多长，你应尽量坚持下来。
- **例行事项** 提前安排好静修计划，你需要很清楚自己下一步要做什么。
- **食物** 静修期间尽量每天在固定的时间用餐。不要吃得太饱，以免身体困倦。
- **静默** 静默有助于深入冥想，它可以伴随你一天里部分时间或者一整天的静修。
- **阅读** 为让你能深入冥想，完全面对自己，消化自己的经历，静修期间不鼓励阅读，以避免不必要的干扰。
- **电子设备** 为保持专注，静修中尽量不要使用电脑或手机。

"静修让你更深入地了解自我。"

寻找什么

如果你已经连续几个月养成每天冥想的习惯,并且希望更进一步,静修将是一次非常有益的体验。

静修时,你需要保持乐观的态度和积极性,放下所有期望,专注并活在当下。

5. 整合与深化

启迪生活

冥想之旅

坚持冥想可以对我们的身体和大脑产生积极的影响。

对一些人而言,冥想不仅有益身心健康,还可以成为生活的一部分。

选择你自己的路

你可以尝试了解不同的冥想方法,阅读书籍,拜访导师和有经验的朋友,从而找到最适合你自己的冥想方法。

开始你的冥想之旅前,请阅读并牢记以下几点:

- 冥想有多种不同的方法,多体验几种,以便进行比较。记住,没有一种方法对每个人都是最好的。
- 尝试跟随不同的导师练习**可能会有不同的帮助**。
- 在练习中注意倾听自己的心声。
- **随着你的进步**,你可以尝试更多冥想方法以取得更大的进步。

"拥抱冥想,拥抱生活。"

它适合我吗?

阅读以下几种常见的冥想目标,以判断你所选择的冥想方法是否最适合你。

净化头脑和心灵;

找到自我;

拥有强大的专注力;

活在当下;

给生活带来启迪;

与他人更好地合作和相处;

释放压力,更轻松地生活。

音乐的力量

冥想和音乐

　　冥想和音乐都有助于你释放压力和放松自己，两者合为一体，将具有更强大的力量。

　　一些轻松、舒缓、愉快的音乐会对你的冥想产生非常积极的作用，能够帮助你更加容易地舒缓压力。但是，如果你发现听音乐对你的冥想有干扰作用，请立即放弃听音乐。

几点建议

- 选择能够帮助你放松的冥想音乐。
- 专注于音乐，体验音乐给你带来的平静。
- 让自己完全沉浸其中，让自己更加放松。
- 在适当的时候将注意力转移到自己的身体和大脑，感受当下。

"音乐帮助你更加放松，并更好地冥想。"

音乐

　　任何时候都不要忽视音乐的力量。

5. 整合与深化

阅读到此，请开启你的冥想之旅吧！记住，任何时候你遇到任何困难，请坚持下去并保持耐心，你就一定会成功。

"愿你拥有无法动摇的平和和快乐。"

致谢

主要贡献者

乔凡尼·迪恩斯特曼（Giovanni Dienstmann）是知名的冥想教练和作家。20多年来，乔凡尼·迪恩斯特曼一直是冥想路上的实践者，尝试了80多种不同的冥想技巧，广泛阅读并学习了200多本关于冥想的书籍，致力于为广大冥想练习者分享实现个人成长的冥想经验和技巧。他还是全球排名前五的冥想博客博主。

出版商致谢

出版商在此对以下几位表示特别感谢：基思·哈根、路易斯·布里根肖、杰德·惠顿、梅根·利、罗娜·科恩、阿拉斯泰尔·莱恩、科琳·马斯乔奇、玛格丽特·麦考马克、艾米丽·里德、罗伯特·邓恩、罗丽·汉德和凯拉·杜加。

笔记

笔记